郑国光◎主编

"我们的天气"丛书

明天是个好天吗

王维国　时少英◎编著

U0346932

气象出版社
China Meteorological Press

图书在版编目（CIP）数据

明天是个好天吗 / 王维国，时少英编著 . — 北京：
气象出版社，2016.2
（我们的天气 / 郑国光主编）
ISBN 978-7-5029-6096-4

Ⅰ . ①明… Ⅱ . ①王… ②时… Ⅲ . ①天气预报 –
普及读物 Ⅳ . ① P45–49

中国版本图书馆 CIP 数据核字 (2015) 第 036323 号

Mingtian Shi Ge Haotian Ma
明天是个好天吗

出版发行：气象出版社

地　　址：北京市海淀区中关村南大街 46 号　　　　邮政编码：100081
总编室：010-68407112　　　　　　　　　　　　发 行 部：010-68409198
网　　址：www.qxcbs.com　　　　　　　　　　　E－mail：qxcbs@cma.gov.cn
责任编辑：黄菱芳　胡育峰　　　　　　　　　　　终　　审：周诗健
封面设计：符　赋　　　　　　　　　　　　　　　责任技编：赵相宁
印　　刷：北京地大天成印务有限公司
开　　本：710 mm × 1000 mm　1/16　　　　　　印　　张：10.5
字　　数：155 千字
版　　次：2016 年 2 月第 1 版　　　　　　　　　印　　次：2016 年 2 月第 1 次印刷
定　　价：38.00 元

"我们的天气"丛书编委会

主　编：郑国光

副主编：许小峰　李泽椿

总策划：余　勇

编　委：（以姓氏笔画为序）

丁一汇　王元红　王元晶　王建捷　王维国　刘　波

许健民　李维京　时少英　宋君强　张　健　陆　晨

陈　峪　陈云峰　陈克复　陈联寿　金翔龙　周志华

周家斌　郝吉明　胡育峰　段　宁　侯立安　徐祥德

端义宏　潘德炉

编委会秘书：王月冬　梁真真

序

　　我们生活的方方面面——衣食住行，都与天气气候息息相关。天气气候，无时无刻不在影响着我们。

　　党的十八大提出"加强防灾减灾体系建设，提高气象、地质、地震灾害防御能力""积极应对全球气候变化""加强生态文明宣传教育""普及科学知识，弘扬科学精神，提高全民科学素养"。习近平总书记强调，"要组织力量，对异常天气情况进行研判，评估其现实危害和长远影响，为决策和应对提供有力依据"。党中央、国务院对气象工作做出的一系列重大战略部署和要求，无不彰显出对气象防灾减灾、应对气候变化的高度重视，无不彰显出对气象保障国家治理体系和治理能力现代化的殷切期望。

　　近年来，随着气象科技的快速发展，天气气候中的许多概念都有了新的内涵。随着气象服务领域的不断拓宽，气象越来越融入经济社会发展各领域，人们生产生活也越来越须臾离不开气象。如何通俗、科学地介绍气象科技、气象业务、气象防灾减灾知识，为大众揭开气象的神秘面纱，显得越来越重要。

　　中国工程院重点咨询项目"我国气象灾害预警及其对策研究"对近年来我国气象灾害及其影响、气象致灾的特点、气象致灾预警中存在的问题进行了全面的分析，并提出对策。研究发现，基层干部及群众，包括一些领导干部，对灾害发生的规律了解不够，在第一时间做好自救和防护的意识和能力亟待提高，急需加强科普宣传，提高全民对灾害的认识，增强群众自救能力。

　　在经济发展新常态下，各级党委和政府、社会各界对气象服务的需求将越来越多，重大自然灾害的国家治理对气象保障的要求将越来越高，气象为经济社会发展、人民幸福安康、社会和谐稳定提供坚强保障的责任将越来越大。但是，大众对气象科技的了解和理解还不够，全民气象意识还薄弱，气象知识还匮乏，特别需要加大力度，通俗易懂地传播气象科技、气象工作、减灾防灾、自救互救等知识。

气象服务让老百姓满意，是全体气象工作者的职业追求。人民群众能不能收得到、听得懂、用得上各种气象信息产品，是衡量公共气象服务效益的主要标准。让更多的民众认识气象，了解气象的基本规律，提高抵御自然灾害的意识和能力，是我们气象工作者义不容辞的使命。

为满足广大民众对气象科普的基本需求，由中国气象局气象宣传与科普中心、中国工程院环境与轻纺工程学部、气象出版社共同策划了"我们的天气"科普丛书，旨在向社会大众传播最新天气气候科学及防灾减灾知识。本丛书共分六册，分别是：《明天是个好天吗》《天气预报准不准》《天气与我们的生活》《我们如何改变天气》《科学应对坏天气》《天气与变化的气候》。每册各有侧重，又相互联系。气象科普存在专业性、前沿性、学科交叉性、难度大的特点，为保证内容的科学性，本书邀请了业界、学界的专家，设立以院士、专家为主编、副主编的丛书编委会，编委会成员由有关专家和科普作家组成。在此，向为本丛书的编撰和编辑出版做出贡献的所有专家表示衷心的感谢！

希望丛书的出版能为气象服务于人民生产、生活提供有益的帮助。同时，我也呼吁全社会动员起来，积极关注和参与应对气候变化，大力推进生态文明建设，为实现中华民族伟大复兴的"中国梦"而努力奋斗。

中国气象局局长 郑国光

2015 年 3 月

目　录

一、什么是天气和天气预报

天气和天气现象

天气是指在某一瞬间或某一时段内大气中各种气象要素（如气温、气压、湿度、风、云、雾、降水、能见度等）的空间分布及其伴随的综合现象。其随时间的变化，即天气变化。天气变化所带来的雨、雪、冷、暖等，既能维系着地球上生命的存在与延续，有时也会给人类的生命安全制造一些小麻烦。

天气现象是指发生在大气中、地面上的一些物理现象。它包括降水现象、地面凝结现象、视程障碍现象、雷电现象和其他现象等，这些现象都是在一定的天气条件下产生的。各种天气现象的分布区域，称为天气区，如降雨区、降雪区、大风区、沙尘区、雾区、霾区等。

大气中的这些天气现象不一定同时出现，但往往会以多种方式组合在一起，我们常说的"东边日出西边雨"，就是一种天气现象。不同的天气现象又和不同的天气区、不同的天气系统有着密切的联系。

各季节中常见的天气和天气现象

我国大部分地区四季分明，因此，在各个季节中感受到的天气各不相同，见到的天气现象也不一样，不同季节的天气和天气现象产生的影响千差万别。夏季天气最为复杂，出现的天气现象种类繁多，而春、秋、冬季则次之。

春季常见的天气和天气现象

春季，一般是指3—5月份，是冰雪消融、油菜花开、麦苗返青的季节。在这个季节中，天气变暖是主旋律。南方地区春雨开始增多；北方地区先是风干物燥，而后雨水增多。

南方地区的天气现象和天气变化由温和到剧烈，雷雨大风天气（强对流）也越来越多，其影响范围由小到大，影响程度由弱到强。此季节中，天气的影响程度从温和型向致灾型转变，灾害性天气发生的区域主要位于华南至江南南部地区。

在这个时期，北方地区首先是多大风、沙尘天气，之后是春雨、雷雨增多。

沙尘

根据《沙尘暴天气等级》（GB/T 20480—2006），沙尘天气是指风将地面尘土、沙粒卷入空中，使空气变混浊的天气现象的总称。根据空气的混浊程度（能见度）和风力大小，又分为浮尘、扬沙、沙尘暴、强沙尘暴和特强沙尘暴五种天气现象，其中特强沙尘暴又称为黑风暴。

沙尘暴是春季影响我国北方地区的致灾性天气之一。沙尘暴通过沙埋、狂风袭击、降温霜冻、污染大气、降低能见度等方式，使其所经之处大片农田受到沙埋或使沃土被刮走，加剧土地沙漠化，对生态环境造成巨大破坏，或使农作物遭受风沙害、霜冻害；使大气环境污染严重，可吸入颗粒物浓度数十倍至上百倍增长，危害人体健康；使交通运输受阻、航班延误，供电线路等基础设施遭到破坏，人民生命财产以及畜牧业遭受严重损失。例如，1993 年 5 月 5 日，著名的"5·5"黑风暴事件造成甘肃金昌、武威、古浪等市（县）85 人死亡、31 人失踪，损失牲畜 12 万头，37 万公顷耕地被沙尘掩埋，兰新铁路中断运行 31 个小时。

沙尘暴

3

强对流

强对流是一种复杂的致灾性天气，发生时常伴有强烈的雷雨大风、冰雹、龙卷和短时强降水等天气现象，具有发生突然、天气剧烈、破坏力强，易威胁生命和财产安全等特点。国家气象中心强天气预报中心从专业的角度给出强对流天气的定义：指伴随雷暴现象的对流性大风（瞬时风速≥17.2米/秒，即风力≥8级）、冰雹、短时强降水（降水量≥20毫米/时）。

因强对流天气具有危害性，所以当强对流天气发生时，应及时寻找安全场所就近避险，以防雷电、冰雹、瞬时大风和衍生灾害造成的伤害。

夏季常见的天气和天气现象

夏季，是指6—8月份，是天气最为复杂的阶段，呈现出的天气现象也是多种多样。此季节中，我国南、北方都会出现暴雨、高温、雷电、龙卷、冰雹等灾害天气和天气现象，东南沿海地区还会出现台风。然而，天边的晚霞和雨后的彩虹也是天空馈赠给人们的一道靓丽的风景线。

暴雨

暴雨

暴雨泛指降水强度很大的雨。如何判断降水强度的大小？当出现雨势倾盆、短时间内造成洼地积水，形成径流，或河水快速上涨等现象时，一般为强降水。在气象上，采用定量化标准来确定暴雨。我国气象上规定：暴雨为 12 小时内的雨量为 30 毫米或以上的雨，或 24 小时内的雨量为 50 毫米或以上的雨。

因暴雨属于灾害性天气，所以根据其致灾的严重程度，又将暴雨按雨强划分为暴雨（24 小时内雨量为 50.0～99.9 毫米）、大暴雨（24 小时内雨量为 100.0～250.0 毫米）和特大暴雨（24 小时内雨量＞250 毫米）。由于各地的地形和气候特点不一样、孕灾环境不同、承灾能力差异较大，比如在广东 24 小时下 50 毫米雨影响并不大，但要是在西北地区就可能形成灾害了。因此，暴雨的标准也不完全一致，如新疆气象部门规定 24 小时内雨量达 24.1 毫米以上为暴雨。

梅雨

梅雨是指每年初夏 6 月中旬至 7 月上、中旬，发生在长江中下游至淮河流域一带的连阴雨天气，因发生的季节适逢长江中下游一带梅子成熟时期，故称梅雨。梅雨期间雨量特别丰富，持续的阴雨天气，使空气潮湿，物品容易发霉，因此，梅雨又称霉雨。中国台湾、日本、韩国也有梅雨。如果梅雨期间雨量过多，或强降雨比较多，则容易引发洪涝灾害；如果梅雨期间雨量较少，或出现空梅雨，则会引起长江中下游一带不同程度的伏旱。

高温

当日最高气温达到 35 ℃或以上时，称为高温。当日最高气温达到 37 ℃或以上时，为酷热天气。

高温天气常出现在副热带高压控制的情况下。内陆出现的高温日数一般多于沿海，高温强度也比沿海强，这是因为沿海的气候受到了海洋的影响。

长时间的持续高温，会导致干旱发展，进一步影响到农业生产、水力发电、城市供水和人们的身体健康。

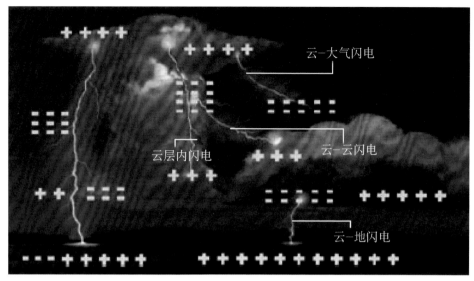

云-大气闪电

云层内闪电

云-云闪电

云-地闪电

雷暴中的闪电

雷暴

"雷暴"一词指积雨云中所发生的雷电交作的激烈放电现象，同时也指产生这种现象的天气系统。雷暴一般伴有强降雨，有时还伴有大风、冰雹和龙卷。形成雷暴的积雨云高耸浓密，云内上下翻滚活动剧烈，上部常有冰晶生成，云层内部不断发生起电和放电现象，放电发生在云层内部、云层与云层之间、云层与大气之间、云层与大地之间。强烈的雷电会对生命造成伤害，让人产生畏惧感。

秋季常见的天气和天气现象

秋季，是指9—11月份，是一年当中让人们感觉最为舒适的季节。人们常说的"秋高气爽"，就反映了这个季节的主要天气气候特点。在这个季节中，虽然大部分时间处于天朗气清、金风送爽、秋意渐浓的时段，但沿海地区还处于台风活动的季节，内陆地区还有影响比较大的华西秋雨天气。到了深秋季节，雾、霾天气开始增多，江南地区多秋雨，北方地区则进入秋、冬过渡季节，冷空气开始活跃，出现霜冻，降雪范围由北向南逐渐扩大。

华西秋雨

根据中国气象局预报司《关于印发〈华西秋雨监测业务规定（试行）〉的通知》（气预函〔2015〕2号）的定义：华西秋雨是我国华西地区秋季（9—11月）连阴雨的特殊天气现象。华西秋雨的降水量虽然少于夏季，但持续降水也易引发秋汛。华西秋雨主要涉及的行政区域包括湖北、湖南、重庆、四川、贵州、陕西、宁夏、甘肃等6省（直辖市、自治区）。华西秋雨不仅可以造成洪涝灾害，还能引发山体滑坡、泥石流等次生灾害，危及人们的生命和财产安全。例如，2008年9月22—27日，四川盆地发生两次区域性暴雨及强雷暴天气过程，全省共计12个市38个县（市）遭受暴雨袭击，其中9个县（市）降了大暴雨，北川县连续5天出现暴雨。由于降雨持续时间长、强度大，导致汶川地震灾区山体滑坡和泥石流灾害频发，部分地方道路中断，给地震灾区的震后恢复重建工作带来了十分不利的影响。据统计，此次严重秋雨过程造成四川省388.9万人受灾，因灾死亡27人，直接经济损失23.5亿元，其中农业损失9亿元。

此外，华西秋雨出现期间，正是秋收作物产量形成期和收获阶段，所以多雨寡照天气会使秋收作物不能充分灌浆成熟，甚至造成作物倒伏、霉烂发芽和收获推迟。

霜

霜，也称白霜。霜是一种天气现象，是指近地面空气中水汽直接凝华在温度低于0℃的地面上或近地面物体上而形成的白色冰晶。霜通常出现在无云、静风或微风的夜晚和清晨。霜本身对植物并没有害处，通常人们所说的"霜害"，实际是指在形成霜的同时产生的"冻害"。

霜

霜冻

霜冻是农业气象灾害之一。霜冻多发生在春、秋转换季节，是当白天气温高于 0 ℃，夜间气温短时间内降至 0 ℃ 以下时造成的低温危害现象。农业气象学中是指土壤表面或者植物株冠附近的气温降至 0 ℃ 以下而造成作物受害的现象。霜冻与霜不同，霜冻是一种低温危害现象，而霜是指水汽在近地表温度低于 0 ℃ 时形成的冰晶，有霜冻时并不一定会出现霜。有时候地面温度降至 0 ℃ 以下，但空气湿度小，没有结成白色的霜，称为黑霜或杀霜。

每年秋季第一次出现的霜冻叫初霜冻，翌年春季最后一次出现的霜冻叫终霜冻，初、终霜冻对农作物的影响都较大。初霜冻出现时，如果作物已经成熟收获，即使霜冻再严重也不会造成作物损失；而在我国北方地区如果初霜冻出现早，秋收作物还没有完全成熟时就遭受了霜冻的危害，会导致作物大面积的减产。而在春播作物苗期、果树花期、越冬作物返青期出现终霜冻，危害也很大，终霜冻发生得越晚，对作物的危害也就越大。

冬季常见的天气和天气现象

冬季，是指 12 月份到次年的 2 月份，是一年中最为寒冷的季节。大风、降温、暴雪、霾、雾、冻雨等，是这个季节中影响人们日常生活的主要天气。

冷空气

冷空气的活动在冬季最为活跃，它常常来自于气温较低的高纬度地区，在我国南方地区也有来自于青藏高原的冷空气。当冷空气来临时常伴有大风、降温，如果与暖湿气流相遇，还会出现雨、雪等天气现象。在我国，根据《冷空气等级》(GB/T 20484—2006)，将冷空气划分为五个等级：弱冷空气、中等强度冷空气、较强冷空气、强冷空气和寒潮。其中，强冷空气和寒潮对人们的日常生活和身体健康影响较大。

强冷空气是指使某地的日最低气温 48 小时内降温幅度大于或等于 8 ℃，而且使该地日最低气温下降到 8 ℃ 或以下的冷空气。

寒潮是指使某地的日最低气温 24 小时内降温幅度大于或等于 8 ℃，或 48 小时内降温幅度大于或等于 10 ℃，或 72 小时内降温幅度大于或等于 12 ℃，而且使该地日最低气温下降到 4 ℃或以下的冷空气。

霾

《霾的观测和预报等级》（QX/T 113—2010）中规定：霾是指大量极细微的干尘粒等均匀地浮游在空中，使水平能见度小于 10 千米的空气普遍混浊的现象。霾使远处光亮物体微带黄、红色，使黑暗物体微带蓝色。我国部分地区将霾称为灰霾，香港天文台和澳门地球物理暨气象局称霾为烟霞。

在霾观测的判识条件中，当能见度小于 10 千米，排除降水、沙尘暴、扬沙、浮尘等其他天气现象造成的视程障碍，相对湿度小于 80% 时判识为霾，相对湿度为 80% ～ 95% 时，按照地面气象观测规范规定的描述或大气成分指标进一步判识。

在霾预报等级中，将霾的预报分为四级，分别是轻微霾、轻度霾、中度霾和重度霾。

轻微霾：能见度大于或等于 5 千米且小于 10 千米。

轻度霾：能见度大于或等于 3 千米且小于 5 千米。

中度霾：能见度大于或等于 2 千米且小于 3 千米。

重度霾：能见度小于 2 千米。

霾会使能见度降低，使空气质量下降，对人体健康和户外活动有影响。因此，当出现中度以上霾天气时，人们应减少或避免户外活动，驾驶人员应小心驾驶；因空气质量变差，人们出行时需进行适当防护，呼吸道疾病患者应尽量避免外出。

雾

雾是指近地面的空气层中悬浮着大量微小水滴（或冰晶），从而导致水平能见度降到 1 千米以下的天气现象。根据能见度，雾分为三个等级：

雾：能见度大于或等于 500 米且小于 1 千米。

浓雾：能见度大于或等于 50 米且小于 500 米。

强浓雾：能见度小于 50 米。

雾和霾的区别：①能见度范围不同。雾的水平能见度小于 1 千米，而霾的能见度小于 10 千米。②相对湿度不同。雾的相对湿度接近 100%，而霾的相对湿度大多小于 80%。③垂直厚度不同。雾的垂直厚度只有几十米至几百米，霾的厚度达 1～3 千米。④边界特征不同。雾的边界清晰，过了"雾区"可能就是晴空万里，而霾与晴空区之间没有明显边界。⑤颜色不同。雾的颜色是乳白色、青白色，霾是黄色、橙灰色。⑥日变化不同。雾一般午夜至早晨出现，太阳升起后开始云消雾散；霾的日变化特征不明显，当气团较稳定时，持续出现时间较长。

雾凇

雾凇，俗称树挂，是由过冷雾滴碰到或水汽直接凝华在树枝、电线等附着体之后冻结形成的白色不透明的冰层。雾凇遇阳光则晶莹剔透，形成自然景观，常是摄影爱好者捕捉美景的"最爱"。雾凇现象常常出现在"依湖傍水"的林木之间，在中国北方地区较普遍，在南方高山地区也很常见。

雾凇一般出现在早晨至上午的时段。早晨气温低、空气湿度大，容易形成雾凇。随着太阳的升起，气温升高，或出现刮风时，雾凇则逐渐消融或被风吹落。

雾凇

雨凇

冻雨

冻雨是由过冷水滴组成的，与温度低于 0 ℃的物体碰撞立即冻结的降水，是一种灾害性天气。冻雨降落到地面或地物上冻结而成的坚硬冰层叫雨凇。在我国云贵高原一带，人们又把冻雨称为凝冻天气。持续冻雨会使物体表面的冻结层不断累积增厚，重量增加，从而导致输电线、通信线路、树枝被压断，房屋被压垮。冻雨在我国南方地区影响较大，2005 年 2 月和 2008 年 1 月，发生在江南和贵州的冻雨天气曾导致部分地区的输电电网遭受严重的破坏。

天气系统

天气系统是指在大气中引起天气变化的系统，具体是指由一定的温度、气压、风等气象要素构成的大气运动系统。反映在天气图上，天气系统就是大大小小的高压（高气压）、低压（低气压），或者呈现波浪状的高压脊、低压槽，或者在风的变化上存在不连续的区域，如风切变（暖切变、冷切变）等（图1-1）；在卫星云图上，所看到的涡旋云系、弧状云系、带状云系、季风云系等都是天气系统的直接反映（图1-2）。刮风、下雨、气温升降等都是由于天气系统发生变化而引起的。

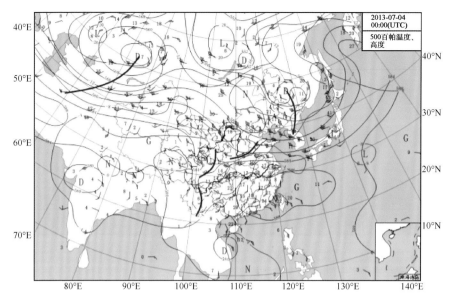

图 1-1 天气图

（图中，红色线为等温线，单位为 ℃，蓝色线为等高线，单位为位势什米①，"D"为低压中心，"G"为高压中心，"L"为冷中心，"N"为暖中心，棕色曲线表示低压槽）

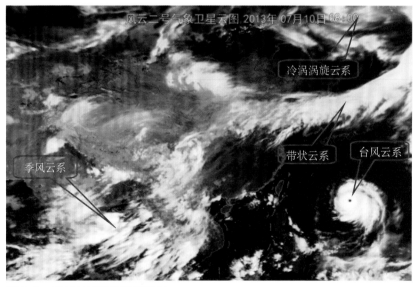

图 1-2 风云二号气象卫星云图

————————

① 位势什米是表示位势高度的一种单位，它表征的是单位质量的物体从海平面上升到某个高度所做的功。1 位势什米 =10 位势米，1 位势米 =9.8 焦耳 / 千克。

天气系统随时间是变化的，但有时也呈现"准静止"状态。所谓"准静止"，并非静止不动，只是变化缓慢而已，如江淮梅雨时期的"梅雨锋"。天气系统的形态随时间也是变化的，如在卫星云图上看到的台风云系结构，最初密闭云区结构松散，而发展到旺盛阶段时，不但台风眼清晰可见，而且以"眼"为中心，云系团结紧密，几乎形成了同心圆结构，等到了减弱阶段，台风云系又变成了不对称的松散结构，并逐渐减弱消失。

天气系统有大有小，大的水平尺度可以达到几千千米，甚至上万千米，如太平洋上空的副热带高压；小的尺度还不到1千米，如龙卷，小龙卷尺度只有几米、几十米。大大小小的天气系统是相互交织、相互作用的。一般来讲，天气系统的尺度越大，生命史就越长，尺度越小，生命史就越短；但也有较小的天气系统在较大尺度系统的孕育下发展、壮大，并向着"大尺度"和"长生命"的方向发展。

影响我国的主要天气系统

我国南北跨度大，东邻太平洋，西处欧亚大陆腹地。因此，影响我国的天气系统极其复杂，既有来自极地的气旋大风，也有来自热带的季风云涌；既有来自欧洲的长波槽脊，也有来自西北太平洋的超强台风。具体情况是：冬季影响系统主要有大尺度的冷高压、西风槽、高压脊、南支槽；春季有温带气旋、短波槽脊；夏季有梅雨锋、副热带高压、台风、东风波、季风槽等；秋季有台风、副热带高压和西风带短波槽脊等天气系统。下面介绍几种在电视天气预报中经常被提及的天气系统。

高压

高压又称高气压，是指在同一高度上，中心的气压高于四周的天气系统，在天气图上用符号"G"标识。高气压中空气自中心向外围流散（辐散），因受地球自转的影响，高气压中的空气在北半球沿顺时针方向向外流动（图1-3a），在南半球沿逆时针方向向外流动。高气压也称为反气旋，两个名词虽然代表的是同一个天气系统，但物理含义各有不同。前者表达的是"气压"的水平分布特征，后者是从"气流"的角度，即从流体力学的概念出发来表征的。在高压区内因气流辐散，高空空气下沉补充，下沉过程中气温升高，相对湿度降低，所以天气晴朗少云。

低压

低压又称低气压，是指在同一高度上，中心的气压低于四周的天气系统，在天气图上用符号"D"标识。与高气压相反，低气压中气流自外围向中心流入（辐合），同样由于受到地球自转的影响，低气压区的空气在北半球做逆时针运动向内流入（图1-3b），而在南半球做顺时针运动向内流入。

与反气旋相对应，低气压也可称为气旋，气旋是带来降水的主要天气系统。如果气旋出现在中高纬度地区，则把气旋称为温带气旋；如果气旋出现在热带地区，则称其为热带气旋。温带气旋和热带气旋都是影响我们国家的主要天气系统。

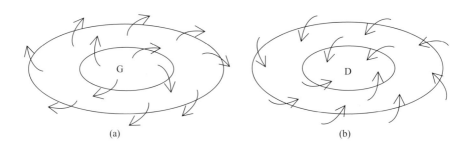

图1-3　在北半球的高气压（a）和低气压（b）示意图

（"G"为高气压中心，"D"为低气压中心，箭头表示气流流动方向）

高压脊

在天气图上，高压脊是指等压线或等高线（高空天气图中）不闭合而呈"∩"形结构的狭长的高值区域（图1-4）。由于高压脊内气流辐散下沉，不利于云雨的生成，因此，在高压脊内一般为少雨少云的区域。

低压槽

在天气图上，低压槽与高压脊相反，是呈狭长的低值区域（图1-4）。在西风带上出现的低压槽，又称为西风槽。低压槽区的靠前部位一般是气流辐合上升最强的区域，因此，是雨、雪或雷暴天气发生的区域。

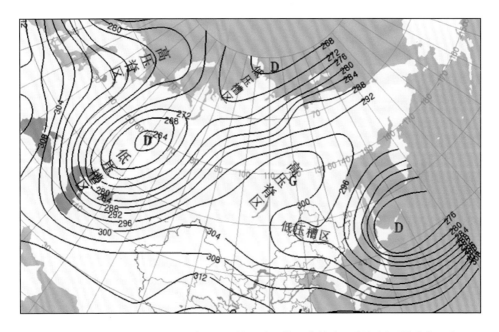

图1-4　2013年12月15日20时700百帕环流形势图上的高压脊和低压槽分布示意图

（图中数字为等高线数值，单位为位势什米，"G"为高气压中心，"D"为低气压中心）

温带气旋

温带气旋是指发生在中高纬度地区的气旋，也叫温带低气压。由于温带气旋发生在冷、暖气团的交界面上，因此，又把温带气旋叫作锋面气旋。温带气旋具有冷心结构的特点。

影响我国的温带气旋主要有蒙古气旋、黄河气旋和江淮气旋。

蒙古气旋

蒙古气旋亦称蒙古低压，是指在蒙古国境内发生或发展的温带气旋。蒙古气旋全年均可出现，以春季最多，秋季次之。蒙古气旋对我国北方地区的影响最大，常在春季给西北、华北以及东北地区西部带来大风和沙尘暴天气，春末至夏季常给东北、华北、黄淮等地带来大范围降水和局部雷雨、冰雹等强对流天气。

当蒙古气旋进入我国内蒙古东部和东北地区之后，又可称为东北气旋或东北低压。东北低压的水平范围很广，直径可达 1 000～2 000 千米。

图 1-5 是一次蒙古气旋活动的地面天气形势图。受蒙古气旋和冷空气的共同影响，2010 年 3 月 31 日—4 月 1 日，新疆的南疆盆地、甘肃西部、内蒙古中东部偏南地区和辽宁西部、吉林西部等地出现沙尘天气，南疆盆地和内蒙古的部分地区出现了沙尘暴。

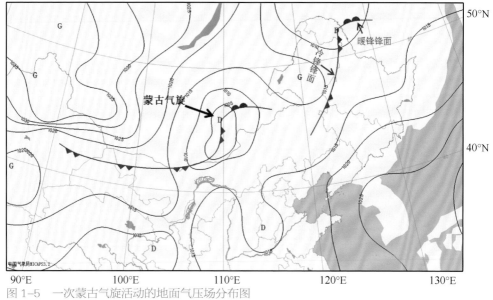

图 1-5 一次蒙古气旋活动的地面气压场分布图
（图中线条上的数值为等压线的数值，单位为百帕）

对于这次沙尘天气过程，2010 年 3 月 31 日气象卫星监测到了新疆南疆盆地和内蒙古的沙尘天气情况（图 1-6）。经估算，沙尘影响内蒙古的面积约 8.7×10^4 千米 ^{2}。

黄河气旋

黄河气旋也叫黄河低压，是指在河套和黄河下游一带生成的锋面气旋。其移动路径一般为沿黄河东移进入渤海或黄海北部，再向东北方向移动进入朝鲜半岛和日本海。黄河气旋主要影响华北、黄淮东部和东北地区。当黄河气旋入海时，有时会强烈发展，在渤海和黄海产生剧烈大风天气。

2007 年 3 月 2—5 日受黄河气旋东移和北方南下强冷空气的共同影响（图 1-7），

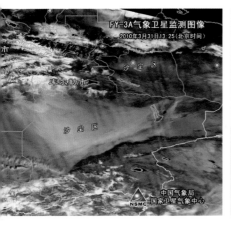
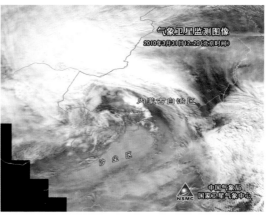

图 1-6　气象卫星沙尘监测图（左：新疆南疆盆地；右：内蒙古）

华北东部、黄淮东部、东北南部出现 8～9 级阵风，渤海、黄海出现 8～9 级、阵风 11～12 级的大风；同时上述地区还出现了大范围的雨雪天气。其中东北东部和南部出现了自 1951 年以来历史同期最强的暴风雪灾害；辽宁省遭遇 56 年来罕见雪灾，受其影响，铁路、公路、民航和海上航运瘫痪，沈阳市 90 万中小学生因大雪停课，大连市区因遭强风袭击，部分地区断电、停水、停气；山东省莱州湾、烟台等地出现自 1969 年以来最强风暴潮过程。在这次过程中，仅辽宁省受灾人口就达 120 多万人，因灾死亡 14 人，直接经济损失 109 亿元。

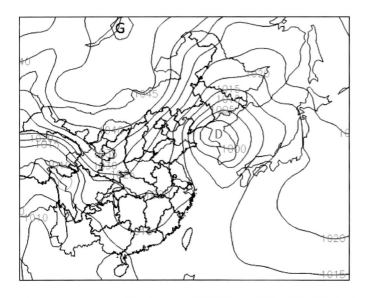

图 1-7　2007 年 3 月 4 日 20 时黄河气旋东移地面气压场分布图
（此时黄河气旋已经移到朝鲜半岛，图中数值为等压线的数值，单位为百帕）

江淮气旋

江淮气旋是指在长江中下游和淮河流域一带生成并发展的低气压系统，它在春夏两季出现最多，主要集中出现在 5 月、6 月、7 月，是江南、江淮地区产生暴雨的主要天气系统。江淮气旋生成后一般向东移动进入黄海或东海，然后再移向朝鲜半岛至日本一带。同黄河气旋一样，江淮气旋一旦东移出海，尤其是出海后急剧加强的气旋（暴发性气旋），将给东海、黄海带来大风等恶劣天气，对海上运输、海上作业和沿海渔业危害极大。

西南低涡

西南低涡是发生在我国西南地区川西高原至四川盆地一带的气旋性涡旋，简称西南涡，又叫西南低压，是因气流流经青藏高原时受其地形影响所致。西南涡在本地生成后，如果没有冷空气侵入，一般不会产生强降雨；如果有冷空气侵入，会导致西南涡发展加强，常给西南地区带来暴雨甚至大暴雨天气，因此，西南涡是西南地区重要的灾害性天气系统之一。根据统计，西南低涡 5—6 月生成最多，其次是 4 月和 9 月。

另外，当西南低涡向东移动的时候，能给下游地区带来大范围的强降雨和强对流等高影响天气。因此，在天气预报中，西南低涡能否发展和东移，是预报员最为关心的。

西南低涡向东移动的路径主要有三条，分别是偏东路径（沿长江一带向东移动出海）、东南路径（经贵州、湖南、江西、福建一带）和东北路径（经陕西南部、华北、山东一带），其中以偏东路径为主。

热带气旋

热带气旋是发生在热带海洋上的一种气旋性涡旋。与温带气旋不同，热带气旋呈暖心结构。发展深厚的热带气旋会伴有狂风、暴雨、巨浪和风暴潮，影响范围广，具有强大的破坏力，是一种灾害性天气系统。

在西北太平洋和南海生成的热带气旋依据强度不同，又可划分为热带低压、热带风暴、强热带风暴、台风、强台风和超强台风（表 1-1）。其中编号热带气旋是指热带风暴及以上强度的热带气旋。

在我国气象服务中，为了贴近百姓用语的习惯，把热带风暴、强热带风暴、台风、强台风和超强台风（即编号的热带气旋）统称为台风。在北大西洋生成的热带气旋，一般中心附近最大风力在 12 级及以上的，称为飓风（飓风，根据其强度分成五级，以五级飓风为最强）。

表 1-1　热带气旋的分级

	热带气旋分级	底层中心附近最大平均风速/（米·秒⁻¹）	底层中心附近最大平均风力等级
统称台风	热带低压（TD）	10.8～17.1	6～7
	热带风暴（TS）	17.2～24.4	8～9
	强热带风暴（STS）	24.5～32.6	10～11
	台风（TY）	32.7～41.4	12～13
	强台风（STY）	41.5～50.9	14～15
	超强台风（SuperTY）	≥51.0	16级或以上

　　一般在西北太平洋和南海生成的台风个数每年约 27 个，其中登陆中国的台风平均每年为 7 个。

　　影响中国的台风主要有三条路径：一是西北路径，台风从生成源地（指菲律宾以东洋面）一直向西北方向移动，大多在台湾、福建、浙江一带沿海登陆；二是西移路经，台风从生成源地一直向偏西方向移动，往往在广东、海南一带登陆；三是近海转向路径，台风从生成源地向西北方向移动，当靠近中国东部近海时，转向北或东北方向移动（图 1-8）。

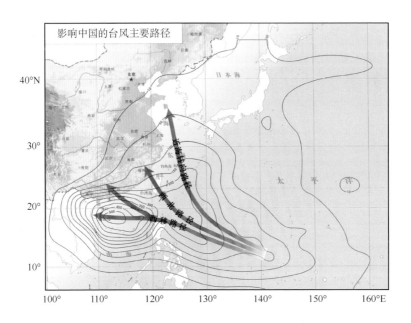

图 1-8　影响中国的台风的主要路径（图中等值线为 1951—2006 年热带气旋影响总频数）

19

曾有科学家对台风所蕴含的能量进行估算，一个发展成熟的中等强度的台风所蕴含的能量相当于几颗原子弹爆炸所释放的能量。台风如此巨大的能量，在登陆沿海地区时，主要通过狂风、暴雨、风暴潮释放出来，从而很容易导致巨大的灾害。狂风掀起的巨浪，常造成海上船翻人亡；而台风一旦登陆，其携带的狂风可以毁坏建筑物、摧毁电讯、电力设施，拔起大树，造成人员伤亡。台风登陆时如与天文大潮期重合，会导致沿海潮水暴涨，造成海堤决口、海水倒灌等灾害。台风登陆时伴随的暴雨可导致洪涝以及诱发泥石流、山体滑坡等灾害。此外，台风登陆后深入内陆时，即使强度减弱为低气压，但若与北方南下的冷空气相遇，或与西南季风结合，仍然会在内陆地区产生暴雨或特大暴雨，从而也会引发洪涝、地质灾害等严重灾害。

在高温伏旱季节，台风带来大范围的丰沛降雨可以增加水库蓄水，缓解干旱和酷热天气。另外，一些城市用水、岛屿用水，除靠汛期降雨蓄水外，就是靠台风降雨补充蓄水。如果没有台风降雨，这些地方很可能发生阶段性干旱或严重干旱。江西省气候中心分析了1961—2005年年平均降水量和台风产生的降水量之间的关系，结果表明，台风产生的降水量占全年降水量的4.73%，合计获得台风降水资源年均约为170.9×10^8米^3。尽管台风产生的降水量占全年总降水量的比例不高，但台风降水多发生在7—9月，这段时间我国南方正处于盛夏高温、少雨、蒸发量大的伏旱季节，同时又是晚、中稻等主要农作物的快速生长期，需水量大，此时台风降水正是解用水燃眉之急和缓解酷暑天气的好帮手。对于北方地区而言，北上台风产生的降水或间接产生的降水对北方东部地区的农业生产和水资源补充也起到了重要的作用。

准静止锋

当势均力敌的冷气团和暖气团相遇时，两者之间形成一个狭窄的界面，这个界面就像一道无形的"墙"一样，把冷、暖气团隔离开来。在气象学上，这个无形的"界面"被称为"锋"。在空间分布上，锋呈倾斜状态，随着高度的增加，锋向冷空气一侧倾斜。当锋很少移动或缓慢来回摆动时，称为准静止锋（图1-9）。在我国比较著名的有江淮准静止锋、华南准静止锋、昆明准静止锋和天山准静止锋。

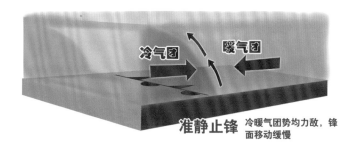

冷气团　暖气团

准静止锋 冷暖气团势均力敌，锋面移动缓慢

图 1-9　准静止锋示意图

　　江淮准静止锋是夏初时期，来自海洋上的暖湿气流与北方南下的冷空气在长江中下游和淮河流域一带交汇、对峙而形成的，是产生梅雨的重要天气系统。

　　华南准静止锋主要活动于南岭山脉或南海北部一带，多出现于冬春两季。冬季降水不强，春夏季可产生暴雨，可持续数天，甚至 10 天以上。

　　昆明准静止锋出现在云贵高原，又称为云贵准静止锋，多出现在冬季，主要由变性的极地大陆气团和西南气流受云贵高原地形阻滞而形成，其云层低而薄，易形成连阴雨雪天气。与其他准静止锋不同，昆明准静止锋的走向大致呈南北向，而其他准静止锋走向基本上为东西向。在昆明准静止锋两侧的天气气候特点迥然不同，位于昆明准静止锋东面的贵州"天无三日晴"便与此静止锋面的活动有关。

　　天山准静止锋是指在新疆沿天山山脉北麓形成的准静止锋面系统。其形成原因是冷空气从巴尔喀什湖或俄罗斯进入新疆北部后，受天山山脉阻挡，冷空气移动受到阻滞，从而形成沿天山走向的准静止锋系统。天山北坡和北疆大部分地区冬季和春季降水较多就与天山准静止锋活动有关。

副热带高压

　　副热带高压，顾名思义，是指位于副热带地区的高气压带，介于热带与温带之间，通常指 20°—40°N 和 20°—40°S 的地区，因受海陆分布影响而分裂成若干个高压单体。副热带高压中心一般位于海洋上，并以此来命名，如北半球的北太平洋高压、北大西洋高压（又称为亚速尔高压），南半球的南太平洋高压、南大西洋高压和南印度洋高压。受太阳辐射影响，副热带高压随季节南北移动，春夏季向高纬度方向移动，秋冬季向低纬度方向移动。

在夏季，北太平洋高压一般分为东、西两个大单体，位于西太平洋的大单体，称为西太平洋高压（即西北太平洋副热带高压），位于东太平洋的大单体，称为东太平洋高压。西北太平洋副热带高压，是汛期左右中国东部地区雨带、雨区的主要天气系统，因此，它的位置变化常常是中国东部雨带变化的"风向标"。雨带主要位于西北太平洋副热带高压的西北部，是由来自于北方的冷空气与来自于热带洋面（或海面）的暖湿气流交汇而形成的。台风的形成也与西北太平洋副热带高压有关，常在其南侧有台风生成。

副热带高压是暖性高压天气系统，副热带高压的控制区内是强烈的下沉运动区，下沉气流因绝热压缩而变暖，所控制地区会出现持续性的晴热天气；而副热带高压的西北部边缘地区是低层暖湿空气辐合上升运动区，容易出现雷阵雨、短时大风或冰雹等强对流天气。图 1-10 是副热带高压与天气区综合模型示意图。

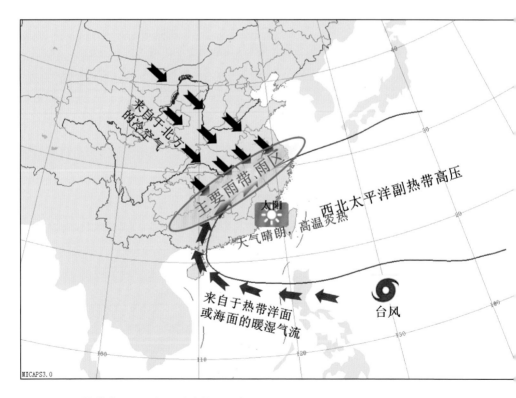

图 1-10　副热带高压与天气区综合模型示意图

从卫星云图上识别天气系统

在电视天气预报中，经常能看到气象卫星云图图片，图片中有大小不等的白色的云的覆盖区和无云区，它们都代表着不同的天气系统。下面介绍几种常见云系在卫星云图上的表现特征。

冷空气云系

冷空气云系在天气学上称为冷锋云系，是冷空气前锋与暖湿气流结合的地方。在卫星云图上，经常会看到近似南北向的云带，这条云带就是冷空气的前锋与暖湿气流（或暖气团）相结合而形成的冷锋云带（冷锋云系）。在北半球，云带的走向一般呈东北—西南向，也有呈南北向或近似东西向的，前两者出现较多。这条云带是移动的，云带的后部是冷空气的主体，受冷空气推进的影响，云带一般是自西向东移动，或是自西北向东南方向移动，或是自北向南移动。图 1-11 是 2013 年 12 月 2—3 日一股影响美国南部地区的较强冷空气和进入大西洋的冷锋云带的移动和变化过程，从图上可以大致判断出冷空气的移动方向和强度。在图 1-11a 中冷空气位于冷锋云系的北侧，到了图 1-11b 和图 1-11c，冷空气的主体位于冷锋云系的西侧。总体上，冷空气是自西北向东南方向移动的。在强度上，冷空气在向东移动的过程中是加强的，其特征是冷锋云系的后边界越来越清晰，此外，冷空气一侧的暗区（冷锋云系后部颜色发黑的部分）也越来越深，这两点也是在卫星云图上判断冷空气强度的一个标志。

总之，如果在卫星云图上看到自西向东或自北向南移动的带状云系，一般都是冷锋云系。

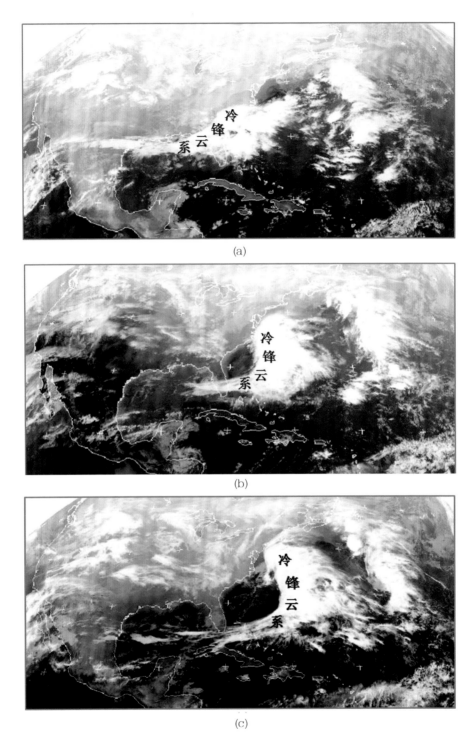

(a)

(b)

(c)

图1-11　一股影响美国南部地区的较强冷空气和进入大西洋的冷锋云带的移动和变化过程

台风云系

在卫星云图上，台风云系一般比较好识别。首先，先确定台风生成的位置。台风是生成在热带洋面或海面上的涡旋云系，以此为出发点大致就可以先判断出热带洋面上的涡旋云系是不是台风云系。其次，再根据云的形态做出进一步的判断。以 2013 年发生在西北太平上的超强台风"海燕"为例，说明台风云图特征。

超强台风"海燕"于北京时间 11 月 4 日 08 时在西北太平洋上生成，8 日 07 时（世界时 7 日 23 时）在菲律宾中部莱特岛沿海登陆，给菲律宾造成重大灾害损失。图 1-12 是台风"海燕"从生成、发展到成熟的各个阶段的云图特征："海燕"在生成初期，由大面积的云团组成（图中"A"云团），此时云团的"圆形"结构不明显，但在云团的北侧和南侧有"羽状"云系卷入；到了发展阶段，云团的"圆形"结构凸显（图中"B"云团），并且密闭云团外围有螺旋云带卷入；到了发展强盛阶段，"圆形"云团（图中"C"云团）结构紧密，在"C"点的左下角有"暗点"出现，即台风眼形成，说明台风的强度在加强，此时的螺旋云带更加清晰；到了成熟阶段（图中"D"云团），台风眼更加清楚，并且以台风眼为中心，密闭云区几乎呈对称结构。另外，从图中还可以看出，在台风发展由弱到强的过程中，台风云团的密闭云区越来越明亮，这是由于台风内部活动剧烈，台风云顶发展越来越高、云顶温度越来越低所致。

实际上，卫星云图上的台风云系，除了在生成的初期识别有点难度外，在发展阶段到成熟阶段还是容易识别的，其典型特征是：呈圆形结构，有螺旋云带卷入，有台风眼存在。

图 1-12 台风"海燕"从生成、发展到成熟的各个阶段的云图特征

温带气旋云系

温带气旋云系在卫星云图上常常表现为一个逗点（"，"）状云团的特征。图1-13 是在中蒙交界处生成的一个气旋及其活动特征，红色方框内的云系为气旋云系，"C"为气旋中心。在气旋生成初期（图 1-13a），云系范围较小，云系头部较密实。到了发展强盛阶段（图 1-13b），云系范围变大，气旋头部呈涡旋状，此时出现一条大致呈南北走向的云带，此云带是气旋后部的冷空气与其前部的暖湿气流交汇而形成的，称为冷锋云系。冷锋云系的后边界比较清楚（图中蓝色弧线），冷空气越强，其后边界就越清晰。气旋从生成到发展在这两个阶段中，逗点状云系特征较为典型。但是，随着冷空气进一步卷入气旋中，气旋开始填塞减弱（图 1-13c），其特征是云系结构变得松弛，冷锋云系后边界模糊，气旋中心左下方有结构松散的云系出现。之后，气旋逐渐消散（图 1-13d），气旋中的涡旋云系特征，即逗点状云系特征已不复存在，就连气旋中心也变得模糊，难以辨认，原来的涡旋云系变成结构松散的絮状云团。

上述图片展示了温带气旋云系各阶段变化的特征。图 1-14 中的（a）和（b）分别为发生在中亚上空和北太平洋上空的涡旋云系，与图 1-13 的气旋云图相比，涡旋特征更加明显，也更易于人们在卫星云图上识别。

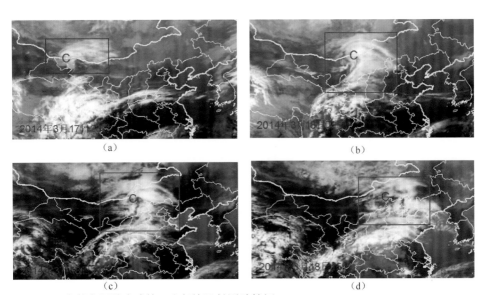

图1-13 中蒙交界处生成的一个气旋及其活动特征

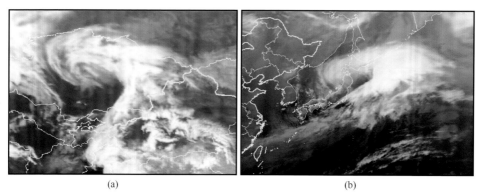

图1-14　2014年3月18日07时中亚上空（a）和2014年3月21日04时北太平洋上空（b）的涡旋云系

　　图1-15展示的是2014年2月14日15时（世界时）出现在美国和加拿大东海岸一次非常"完美"的温带气旋云系，是同一时刻、同一个气旋的可见光、红外、水汽云图影像。

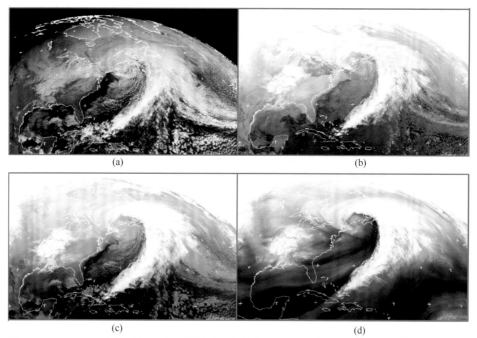

图1-15　2014年2月14日15时（世界时）出现在美国和加拿大东海岸的温带气旋的云系特征（a：可见光（0.5~0.7微米）；b：红外（3.8~4.0微米）；c：红外（10.2~11.2微米）；d：水汽（5.8~7.3微米））

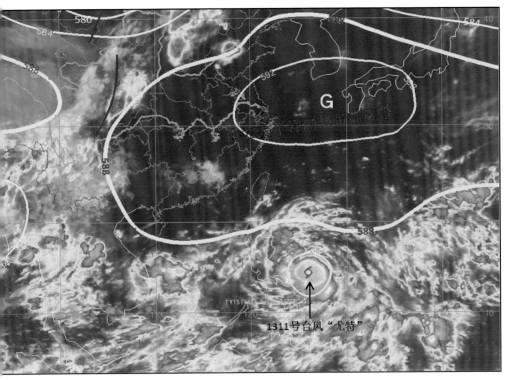

图 1-16　2013 年 8 月 11 日 08 时 500 百帕环流形势图和卫星云图的叠加

（图中线条上的数值为等高线的数值，单位为位势什米）

副热带高压

　　图 1-16 为 2013 年 8 月 11 日 08 时 500 百帕环流形势图和卫星云图的叠加，图中 588（位势什米）线范围内为副热带高压所控制的区域，在卫星云图上的特征为大片的无云区或少云区。其中控制西北太平洋和黄河以南地区的副热带高压称为西北太平洋副热带高压，它是影响我国的最重要的天气系统之一。另外，在西北地区还有一个副热带高压，称为大陆副热带高压。受西北太平洋副热带高压控制（影响），2013 年 8 月 11 日我国黄淮及其以南地区出现的高温（日最高气温 ≥ 35 ℃）范围超过 180×10^4 千米 ^{2}，其中，日最高气温超过 40 ℃的范围达到 24×10^4 千米 ^{2}。另外，在西北太平洋副热带高压外围（588 线外围）有云系活动，其中，在其南侧有 1311 号台风"尤特"正在移向菲律宾和我国华南沿海一带。

天气预报

天气是变化的，对未来某一时段内的某一地区或部分空域的天气变化所做出的预估或预告就是天气预报。如 2013 年 1 月 11 日 08 时 26 分云南省昭通市镇雄县果珠乡发生山体滑坡，造成多名村民被埋。为了做好营救工作，气象部门给出了镇雄县果珠乡的天气预报：预计，11 日白天到夜间，阴天有小雪，白天最高气温 2 ℃，夜间最低气温零下 4 ℃，微风；12 日阴转晴，最高气温 8 ℃，最低温零下 1 ℃，偏西风 2～3 级转偏南风 1～2 级。这里预报的未来天空状况、气温、风就是天气预报的最基本内容。

天气预报最初是以天气学原理为基础，根据天气图分析做出来的。1851 年，世界上第一幅正式的地面天气图在英国诞生。预报员将各地气象站同时观测的数据点绘在一张有地理信息的空白图上，通过人工分析气压、气温等要素，将天气系统反映在地面天气图中，据此外推出天气系统的演变和影响，对某一地区或某一地点做出天气预报。20 世纪 20 年代高空探空仪出现，使人类对大气的观测能力有了显著提高，人们可以观测到从地面一直到 30 千米高度的气温、气压、湿度和风等数据，从而构建出不同气压层的高空天气图。有了地面和高空天气图，就可以分析出天气系统的水平结构和垂直结构，再结合其过去的演变特征，对未来的变化趋势和影响做出预报。

现代天气预报技术与以往相比有了较大的不同，其预报手段几乎摆脱了传统的天气图预报方法。现代天气预报技术是以数值天气预报为基础，预报员再综合应用卫星和雷达等多种资料和技术方法来订正数值天气预报的结果；其目标是预报精细化，精细化的预报是指准确的、高时空分辨率的、涵盖不同天气现象、适应不同用户需求的预报。因此，现代天气预报员既要掌握数值天气预报模式的性能和特点，又要能驾驭多种资料的处理方法。只有具备了这些能力，预报员才能对数值天气预报的结果做出"准确"的订正，这个订正的结果就是预报员给出的预报结论。

天气预报能够做到百分之百准确吗

按照现有的科学技术和能力，现在的天气预报还不能做到百分之百的准确。这是因为一方面大气运动是非常复杂的，科学家对其认识还是非常有限的；另一方面对大气的观测也不可能做到时时刻刻、面面俱到的全时空、全方位的观测，这就导致了先天性的不足（误差），不能完全真实地描述或反映大气的运动状态和性质。

大气运动的复杂性既来源于自身，同时又受到陆地、海洋、植物、生物，以及外太空的太阳辐射、太阳风暴等对其的影响。大气中包含大大小小的各种尺度的运动，而人们对大气本身运动的认识还很不足，对外界因子对大气的影响认知还有限，所以人们对于大气演变规律性的认识很难做到百分之百，预报就更不能做到百分之百的准确了。正如科学家们常说的，大气运动是非线性的，或处于混沌状态，这里就包含了大气运动的不确定性。美国气象学家洛伦兹（E. N. Lorenz）1963 年曾经在一篇论文中形象地打了个比喻——"蝴蝶效应"，大意是：一只在南美洲亚马孙河流域热带雨林中的蝴蝶，偶尔扇动几下翅膀，可以在两周以后引起美国得克萨斯州的一场龙卷风。其原因就是蝴蝶扇动翅膀的运动，导致其身边的空气系统发生变化，并产生微弱的气流，而微弱的气流的产生又会引起四周空气或其他系统产生相应的变化，由此引起一个连锁反应，最终导致其他系统的极大变化。

天气预报虽然不可能做到百分之百的准确，但是经过科学家们的不懈努力和气象探测能力的提高，大气的运动（天气变化）还存在一定的可预报性。根据大气运动可预报性的研究，对于大尺度运动，从理论上讲，预报时效可以达到两周左右，而目前只能达到一周左右，可见预报的潜力还没有完全发挥出来。近年来世界气象组织开展的全球大气观测计划，目的就是提高描述真实大气状态的能力，提高天气预报的水平，尤其是中期天气预报的水平。在这方面，通过广泛的观测试验、综合分析、理论研究和数值模拟试验等工作，可望在不久的将来天气预报准确率会有较大的提高。

二、天气预报是怎么做出来的

图 2-1　天气预报制作流程示意图

天气预报的制作过程

　　制作天气预报是一个系统工程，一般分为四个步骤，即天气观测—数据收集—综合分析—预报会商。概括起来说，就是预报员根据各地气象观测资料绘制成地面、高空天气图以及各种图表，再结合卫星云图、雷达探测资料和数值天气预报结果进行综合分析，然后大家在一起开始讨论会商天气，就像医院里的医生会诊一样，大家各抒己见，表达自己对未来天气的意见和理由，最后由首席预报员归纳、综合判断，给出预报结论。这就是天气预报的制作过程，详见图 2-1。

　　天气会商一般分为全国天气大会商、本省（自治区、直辖市）天气会商、气象台内部会商，以及就某一灾害性天气举行的专题会商和加密会商（重大灾害性天气专题会商）。

全国天气大会商

　　每天 08 时至 08 时 30 分，中央气象台都会组织相关的区域中心气象台、省（自治区、直辖市）气象台的异地视频会商，这是针对全国范围内的灾害性天气的影响举行的会商。会商中，首先是中央气象台领班预报员给出全国的天气预报结论和预报理由；之后各区域中心气象台和各省（自治区、直辖市）气象台重点给出管辖区内的预报结论和预报理由，同时表明其预报结论是否与中央气象台的预报结论一致，如果不同，要言明理由和依据；最后由中央气象台首席预报员发言，重点强调灾害性天气的强度、影响范围、影响时间和理由，并针对各省（自治区、直辖市）气象台与中央气象台意见不一致的地方做重点分析，给予省（自治区、直辖市）气象台预报员指导和技术支持，最终通过会商达成预报结论的一致意见。

有时，因天气复杂，而视频会商时间有限，所以在视频会商结束之后，针对天气的"疑难"问题还会采用电话方式继续点对点地会商，交换意见，以达成预报结论的一致意见。

本省（自治区、直辖市）天气会商

同全国天气大会商类似，这是由各省（自治区、直辖市）气象台组织的本省（自治区、直辖市）内各市、区、县气象台举行的异地视频会商，一般是每天09时举行。

气象台内部会商

气象台内部会商即没有外部门参加的天气会商。一般是由首席预报员召集，当班预报员参加。这种会商形式较灵活，大家各抒己见，既能明确预报结论，又能通过相互发言学习到别人的经验或长处，使大家的水平共同提高。

重大灾害性天气专题会商

一是针对某一灾害性天气可能产生的严重影响的专题会商，如大范围暴雨或持续性暴雨的影响、将要或正在影响我国的台风、沙尘暴天气等。二是针对某一受灾地区可能遭受灾害性天气的影响举行的专题会商。如2012年9月7日云南彝良发生5.7级地震，10日夜间，彝良县出现暴雨，造成震区多地发生泥石流和山体滑坡灾害。对于这次暴雨过程及影响，中央气象台和云南省气象台举行了多次专题会商，并及时将预报结论和预警信息发出，地方政府根据预报预警信息提前转移震区2 118户居民8 400余人，从而避免了地震后因气象灾害再次造成人员伤亡。

重大灾害性天气专题会商，一般是中央气象台和相关省（自治区、直辖市）气象台针对某一灾害性天气进行的视频会商。正常情况下除早晨的视频会商外，在下午增加一次视频会商。如果启动重大气象灾害应急响应，晚上还会增加一次视频会商，同时会邀请防汛、应急办、民政、国土、交通、水利、旅游等部门参加，以便做好防灾减灾中的联动工作。另外，在应急响应期间，预报员随时进行电话会商。

如 2014 年 7 月 18 日，超强台风"威马逊"先后在海南、广东、广西登陆，中央气象台于 16 日开始，组织相关省（自治区）气象台进行加密会商，增加会商频次，加强与海南、广东、广西等地就"威马逊"的路径、强度、风雨影响的预报以及台风服务情况交换意见，国家卫星气象中心还启动了每 6 分钟一次风云二号 F 卫星区域加密观测。

中央气象台与海南省、广东省、广西壮族自治区及云南省气象台举行超强台风"威马逊"专题会商

特殊节日气象部门邀请相关部门的专家进行天气预报和影响的大会商

如果遇到举办重大社会活动、重大工程建设、重大节日等，气象部门还会同时邀请各部门的专家共同围绕这一主题举行专题天气会商，从天气的角度保障该活动或工程建设的顺利进行。

天气预报的分类

根据预报时间的长短，天气预报分为未来0～2小时的临近预报、0～12小时的短时预报，未来1～3天的短期预报、4～10天的中期预报和11～30天的延伸期预报。一个月及以上的预报，则称为气候趋势预测（在此不做介绍）。短时和临近预报业务主要是在汛期和强对流天气易发期开展，重点是监测和预警短历时强降水、冰雹、雷暴大风、龙卷等突发性、影响大的致灾性天气。有时根据重大活动的需求，也会开展短时和临近预报业务，如2008年北京奥运会开幕式和闭幕式的天气预报。短期预报主要是针对雨雪强度、气温、风、雾、霾、沙尘、霜冻等项目的具体预报，如每天在广播、电视上播报的天气预报，是和百姓生活、出行关系最为密切的。由于受预报能力和预报准确率的限制，中期预报和延伸期预报主要侧重的是对未来天气趋势的预报，如未来冷暖变化趋势、降水趋势、旱涝趋势，比较而言，中期预报还能给出未来天气过程的起止时间，而延伸期预报却很难把握。

总的来说，大气运动是极其复杂的，天有不测风云，因此，天气预报难以做到百分之百准确。一般来讲，短期天气预报准确率要比中期天气预报准确率高，冬季的天气预报准确率要比夏季的高。

目前，中央电视台每天新闻联播之后播放的主要是短期天气预报，百姓生活和群众出行可以根据短期和中期天气预报做出安排。

气象观测系统

气象观测是指借助各种仪器和装备对地球大气以及与大气有密切关联的海洋、冰雪、植被等进行的系统的、连续的观测和测定，并对获得的记录进行整理的过程。气象观测信息和数据是开展气象预报、预测、服务和科学研究的基础。气象观测主要包括地面气象观测、高空气象观测和空间气象观测，一个较完整的现代

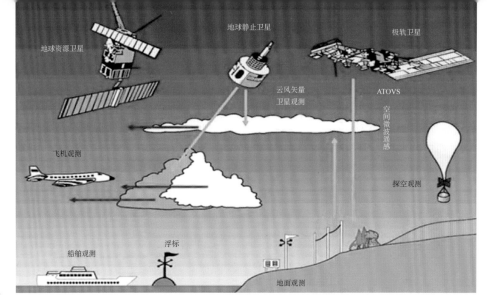

图 2-2　综合观测系统示意图

气象观测系统由观测平台、观测仪器、技术保障和资料处理等部分组成（图 2-2）。目前，我国已经初步建立了地基、空基、天基观测相结合的综合气象观测系统（地基观测主要包括地面气象观测和天气雷达等地基遥感观测，空基观测主要包括 L 波段探空系统观测，天基观测主要是气象卫星观测），为现代气象业务体系建设奠定了良好的基础。

地面气象观测

在地面上进行的气象观测，就是人们常见的带有观测场地的气象站的观测，也有无人值守的自动气象站的观测。一般气象站的地面观测内容比较多，主要包括气温、降水、大气压、空气湿度、风向、风速、能见度、太阳辐射、日照时数、土壤墒情、电线积冰和天气现象的观测，也有对大气成分进行的观测，如酸雨、PM_{10}、

地面气象观测场

自动气象站

$PM_{2.5}$ 和 $PM_{1.0}$ 等化学和粒子浓度的观测等；无人值守的自动气象站由于规模小，主要以观测降水、气温、风向和风速为主。

另外，随着我国经济实力的提升，有条件的气象部门还装备了移动观测车（又称"移动气象站"），当有突发气象灾害事件或化学污染物泄漏事件以及大型焰火表演等时，可以亲临现场对气温、降水、风向、风速等气象要素进行观测和就地开展气象服务，弥补了固定气象观测站点观测不到的不足。如 2007 年淮河发大水期间，安徽省气象局将"移动气象站"驻扎在王家坝附近，开展雨情汛情气象服务，被当地百姓形象地称为"王家坝的守护神"。

2007 年淮河流域发生洪水时驻扎在王家坝的气象应急指挥车——"移动气象站"

通常地面气象站的许多气象要素的观测都是通过固定在观测场内的各种仪器进行的，所以对气象站的站址和观测场地的选择以及维护，仪器的安装是否正确等都要求极高，并且要求观测到的资料在当地要有代表性、准确性、连续性和可比较性。

高空气象观测

高空气象观测是指对地球表面到几万米高度空间的气象要素的观测和数据的获取，观测项目是气压、温度、湿度和风向、风速，主要是利用探空气球携带无线电探空仪，或采用遥感方式（如廓线仪）获取气象要素数据。

无线电探空仪

无线电探空仪是对通过自身携带感应器或者无线电遥测方法测量大气中各种气象要素的仪器的总称。无线电探空仪由气压、温度、湿度传感器，测量电路，控制（解码）电路，发射电路和电池等部分组成。通常是用探空气球携带无线电探空仪器升空后实时采集大气的温、压、湿等高空气象数据，采集到的数据再通过无线电探空仪传送至地面接收设备。

探空气球

探空气球是指能把无线电探空仪器携带到高空对大气进行气压、温度、湿度和风等气象要素测量的气球。

廓线仪

廓线仪是对利用主动或者被动遥感原理测定大气中各气象要素垂直分布状况的各种电子设备系统的总称。例如，利用风廓线仪（又称为风廓线雷达）探测高空大气。风廓线仪是近年来应用于气象业务探测的装备，它采用微波遥感技术，应用多普勒原理对大气进行探测，能反演出大气风场垂直结构和辐散、辐合等信息。此外，风廓线仪增加无线电声学探测系统并与微波辐射仪或 GPS/Met 水汽监测系统配合，可实现对大气风、温、湿等要素的连续遥感探测，是目前广泛应用于对高空进行探测的大气探测系统。

气象工作者在施放探空气球

风廓线仪

飞机探测

　　穿梭于大气层中的飞机，是直接探测高空气象要素的最好的工具。飞机探测分为航线气象观测、执行科学试验的特殊气象观测，以及台风预报业务的气象观测，等等。飞机探测主要是利用机载雷达或携带下投探空仪，以探测大气中的云、雨、风、大气湍流（颠簸）等，如需进一步了解云中的雷电现象、含水量、云滴谱、升降气流时，还需分别配备相应的仪器。

　　对于飞机观测台风（在美国、大西洋和东北太平洋称之为飓风，在西北太平洋和南海称之为台风）业务最早可追溯至 20 世纪 40 年代，至今已有近 70 年历史。美国是世界上最早开展飞机观测台风（飓风）的国家，也是当今世界开展台风（飓风）飞机观测技术最成熟的国家。20 世纪 50 年代初期，美国军方基于百慕大（大西洋）和关岛（太平洋）这两个空军基地开展了带有准业务性质的飓风

（大西洋）/台风（太平洋）飞机观测业务。由于飞机观测是近距离"触摸"台风，因此，所获得的资料在帮助提升对台风（飓风）理论的认识、提高台风（飓风）路径和强度预报的准确性等方面发挥了至关重要的作用。自 2002 年始我国台湾地区也启动了名为"DOTSTAR"的"追风"计划，迄今已取得了非常令人鼓舞的成果。而中国大陆的台风飞机观测尚处于摸索阶段，近几年来仅个别研究项目开展了简单的观测试验，所取得的成果和经验非常有限。

空间气象观测

空间气象观测主要是指在太空利用气象卫星开展的对地球大气层以及地球表面的气象观测。

气象卫星是指从太空对地球大气层和地球表面进行气象观测的人造地球卫星，它采用遥感技术获得气象信息。气象卫星上载有红外、可见光和微波遥感仪器，可以通过接收地球或云层反射的太阳光、地表向外发射的红外辐射和微波辐射来获得探测资料。气象卫星又分为太阳同步轨道（极轨）气象卫星和地球同步轨道（静止）气象卫星。目前，我国自主研发和处理生成的大气和地球表面的气象卫星图像产品、定量产品和分析产品已达数十种，为气象、海洋、农业、林业、水利、航空、航海、环境保护及军事等部门提供了大量公益性和专业性服务，在防灾减灾的监测预警服务以及政府决策等方面收效显著，取得了良好的社会和经济效益。

全球观测系统

全球观测系统是一种以全世界规模进行气象观测工作的协作系统，它为世界气象组织所有计划和其他国际组织的相关环境计划制作天气分析、预报和警报提供从地球到外层空间的大气和海面状况的观测，由陆地台站、海洋台站、飞机、气象业务卫星和其他平台的观测设施及安排构成。

世界气象组织在 2012 年更新的《全球观测系统指南》中给出了全球观测系统的长期目标：①改进和优化观测大气和海面状况的全球系统，以有效和高效率地满足制作准确率不断提高的天气分析、预报和警报的需求，并满足在世界气象组织和其他相关国际组织各项计划下开展的气候和环境监测活动的需要；②提供必要的观测技术和规范的标准化，包括区域网络的规划，以满足用户在质量、空间和时间分辨率以及长期稳定性方面的需求。

三、怎么看卫星云图

气象卫星

气象卫星就是用于气象探测的人造地球卫星。在天气网站上，24 小时的卫星云图动画展示着云的变化，既直观又清晰。这些卫星云图就是"千里眼"气象卫星的杰作——观测地球的图像资料。

自 1960 年 4 月 1 日美国发射了第一颗极轨气象卫星——泰罗斯 1 号（TIROS – 1）之后，至今全世界已经发射了一百多颗气象卫星，其中有几十颗在轨运行。气象卫星在离地球几百千米和几万千米的宇宙空间对地球大气进行观测，可以不受国界和地理条件的限制实现全球的观测。因为气象卫星可以全天候动态反映观测对象的变化，所以其获取的大气和地表信息，为人类在天气预报、环境和自然灾害监测等多个领域提供了不可替代的服务。

气象卫星根据运行轨道分为两大类，分别是极轨气象卫星和静止气象卫星。

极轨气象卫星

极轨气象卫星是指环绕地球两极运行的气象卫星，通常在离地球表面 800～1 000 千米的高空运行，可以获取全球观测数据。

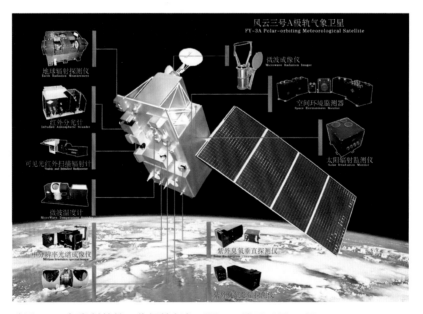

我国 2008 年发射的第二代极轨气象卫星——风云三号 A 星

我国 1997 年发射的静止气象卫星——风云二号

静止气象卫星

静止气象卫星亦称为地球同步卫星，顾名思义，它们的轨道与地球自转同步，因此，从地面上看，它们在空中的位置都是"静止"不动的。遵循物理学的原理，这些静止气象卫星都会稳稳地待在赤道上空 3.6×10^4 千米的地方，可以观测地球表面 100 个经度跨距、50°S—50°N 的 100 个纬度跨距的区域。

气象卫星的观测特点

极轨气象卫星和静止气象卫星各有优点。极轨气象卫星由于距离地球较近，因此，观测较为细致（分辨率高），常用来监测暴雨云团、台风纹理结构、流域洪涝等，但因极轨气象卫星相对地面在不停地移动，所以不能连续观测同一地区。而静止气象卫星由于距离地球较远，其观测相对粗糙（分辨率比极轨气象卫星低），但它的优点是能连续对大范围的同一地区进行观测，所以用于观测尺度大、变化快的天气系统是非常适宜的。极轨和静止气象卫星发挥各自的优势，为天气预报分析服务。

天 山
Tian Shan

塔里木盆地
Tarim Basin

青 藏 高 原
Tibetan Plateau

风云一号 C 星的第一幅宽展云图，从图中可以清晰地看到新疆西部的锋面云系和青藏高原的积雪

我国气象卫星的发展历程

1970 年，我国决定发展极轨气象卫星，并提出了第一颗气象卫星的目标任务。1988 年 9 月 7 日，我国第一代风云一号气象卫星的首发星 FY-1A 成功发射，但没有达到预定的工作寿命要求。之后的第二颗试验卫星 FY-1B 也未能达到设计寿命。

1999 年 5 月 10 日，风云一号 C 星（FY-1C）成功发射。它具有良好的成像质量，在轨工作超过 5 年，大大超过设计寿命。2002 年 5 月 15 日又成功发射了后续气象卫星 FY-1D，至今仍在轨运行。

由于极地轨道和静止轨道对于天气观测具有优势互补，因此，我国在气象卫星发展初期就提出了同时发展极轨和静止两个系列气象卫星的思路。风云二号气象卫星工程在 20 世纪 80 年代开始，1997 年 6 月 10 日，我国第一颗静止气象卫星风云二号 A 星成功发射。2004 年 10 月 19 日风云二号 C 星成功发射，至此成功实现极轨、静止两个系列气象卫星的业务运行。后续静止 D 星成功发射，实现双星组网观测成功；E 星和 F 星连续发射，使得我国静止气象卫星实现两颗在轨业务运行，一颗在轨备份。

2008 年 5 月 27 日我国第二代极轨气象卫星风云三号（FY-3A）试验星成功发射，2010 年 11 月 5 日风云三号 B 星成功发射。两颗气象卫星成功实现了上、下午星的组网观测。

2013 年 9 月 23 日，我国第二代极轨气象卫星风云三号 C 星（FY -3C）发射成功，目标是实现全球大气和地球物理要素的全天候、多光谱和三维观测。

2014 年 12 月 31 日，风云二号 G 星（FY -2G）在中国西昌卫星发射中心成功发射，FY -2G 是静止气象卫星。2015 年 1 月 8 日地面系统成功获取 FY -2G 第一张可见光云图，1 月 26 日正式获取了第一套 FY -2G 红外云图。

2015 年 1 月 8 日风云二号 G 星第一幅彩色合成图

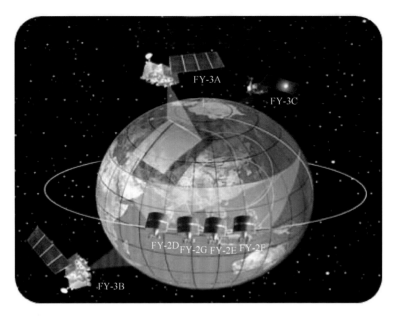

目前我国气象卫星在轨布局图

　　截止到 2014 年我国已经成功发射了 14 颗风云系列气象卫星，仍有 7 颗在轨运行，分别是极轨气象卫星风云三号 A 星、B 星和 C 星，静止气象卫星风云二号 D 星、E 星、F 星和 G 星。我国风云系列气象卫星已实现了业务化、系列化，从第一代气象卫星发展成第二代气象卫星，实现了我国气象卫星从应用试验型向业务服务型转变的目标。我国已经成为世界上同时拥有极轨和静止气象卫星的少数国家之一，并且在地球观测组织中发挥了重要作用。

气象卫星云图

　　气象卫星在太空上通过各种气象遥感仪器，比如多通道高分辨率扫描辐射仪、微波辐射计等对地球表面进行遥感观测，并将观测到的数据发送到卫星地面接收站，经过处理形成的云的图片，称为卫星云图。在卫星云图上可以看到范围不同、形态各异的云系的特征，它们也是不同天气系统的反映。自 20 世纪 60 年代发射气象卫星以来，卫星的探测资料弥补了海洋、沙漠、极地和高原等地区气象探测资料不足的缺陷，使天气预报的水平显著提高。因此，卫星云图是用来制作临近和短期天气预报的重要参考资料。

云图的分类

天气预报员常用的是静止气象卫星的云图资料。气象卫星云图包括红外云图、可见光云图、水汽云图等。电视节目中通常使用的云图就是红外图像通过计算机处理、编辑而成的彩色动态图片，人们从中不仅能够纵览云飞，还可以推断其发展变化，预知未来的天气。

红外云图

气象卫星上的扫描辐射仪利用红外辐射通道测量地表和云面向外发射的红外辐射（波长范围一般为 10.3～11.3 微米），将这种辐射以图像表示出来就是红外云图。物体向外发射（或释放）的辐射与其自身的温度有很大的关系，物体温度越高，发射的辐射越大，反映出的颜色（又称色调）越暗。此类红外云图不受太阳光线的制约，因此，昼夜均可以获得。

例如，当某地上空有云雨覆盖时，在红外云图上表现为白色或灰白色。通常，云顶发展得越高，其温度越低，它在图像中便显得越是白亮。一团发展旺盛的积雨云，在红外云图上是什么样子呢？图 3-1 中所标出的"A"处成团状结构，一般其对应的是积雨云的云顶，因其发展得高、云层厚、温度低，所以导致云顶的色调最为白亮。

图 3-1　发展旺盛的积雨云的红外云图

可见光云图

可见光图像显示的是所观测物（如云和下垫面）反射太阳光的情况，如同在太空拍摄到的黑白照片，图像只有在白天可以拍摄到，夜间则拍摄不到云。可见光图像的分辨率较红外图像高，因此可见光图像能显示更为细致的云型结构。在可见光灰度图像上，反照率越大，色调越亮白，反照率越小，色调越暗。通常，陆地、海洋的反照率弱，颜色暗黑。

一团发展旺盛的积雨云，在可见光云图中表现为大块厚实的、浓白色的云（图3-2中"A"所示区域）。暗影（图3-2中箭头所指处）只出现在可见光云图上，是由于太阳高度角较低，高目标物在低目标物上的一种投影现象。云图的时间为上午前期（太阳光线在云的东面，即从云的右侧照射过来），因此，可以看到伸展较高的云投下的暗影（较高的云在暗影的右侧），表现为细暗线。

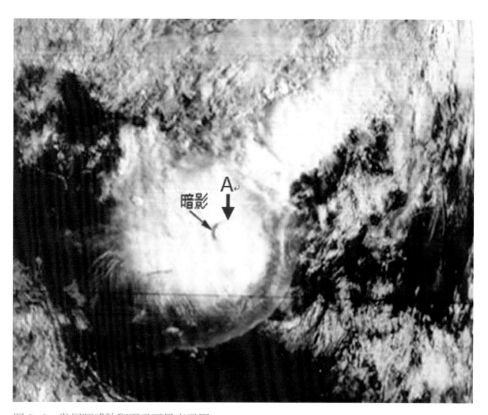

图 3-2 发展旺盛的积雨云可见光云图

北京时：2013年06月07日 08:00
通道：水汽通道6.3~7.6

图 3-3　FY-2E 气象卫星水汽图像

水汽云图

以波长 6.7 微米为中心的吸收带是水汽强吸收带，在这一带内，卫星接收到水汽发出的辐射得到的图像称为水汽图像。在这个波段中，卫星接收的辐射主要是大气中水汽的温度。水汽温度愈低，色调愈白；水汽温度愈高，色调愈暗。水汽图像反映的主要是对流层中上层的信息。图 3-3 是 2013 年 6 月 7 日 08 时 FY-2E 卫星水汽图像，图中暗区（"B"处）表示此地区的中上层大气是干燥的，为气流下沉区；而位于安徽南部、江苏南部、浙江北部等地的中上层（"A"处）水汽充沛。对应相同时刻的高分辨可见光云图上（图略），可以发现水汽充沛的地方，也就是强对流云团发展活跃的位置。

气象卫星的应用

从电视天气预报中每天播放的卫星云图照片上，经常可以看到形状各异的云型或云系分布。如果能够从云图中识别出各种类型的云的特点和性质，对于天气预报是非常有用的。

台风的监测

在没有气象卫星之前，对于台风的生成、发展和移动的观测，主要是靠海面远洋船及沿海天气雷达、地面天气站。由于这些观测对于庞大的台风来说是远远不够的，尤其是台风的发源地——太平洋更是难于观测，所以天气预报员对于台风的预报能力是非常有限的。但是有了气象卫星之后一切都发生了改变，即使台风远在太平洋深处酝酿时，台风的一举一动也能被气象卫星捕捉到。因此，有了气象卫星之后，台风的一切活动便在预报员的掌握之中了。但是台风的生命史一般都很长，有时需要十几天才能完成一个台风生命史的追踪历程。

图3-4是2013年7月10日08时FY-2E气象卫星监测到的第7号台风"苏

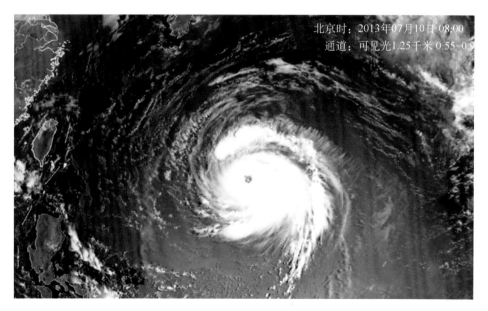

图3-4 FY-2E气象卫星监测到的台风"苏力"的可见光图像

力"（Soulik）的可见光云图，从中可以看到台风云系结构基本对称，台风中心出现明显的眼区，环绕眼区的是连续密蔽云区，环绕密蔽云区的是外围螺旋云带，此时"苏力"已加强为超强台风。如果从不同时次的云图动画来看，"苏力"正在向台湾、福建一带沿海方向移动。

强对流云团的监测

气象卫星对于能够产生剧烈天气的强对流云团的监测非常有利，可以帮助预报员对短时强降雨、冰雹和雷电等灾害性天气提前发出预报预警，从而避免灾害损失。2013 年 3 月 28 日华南出现强对流天气，通过 07 时 30 分的可见光云图监测显示（图3-5）：云团的北侧（"A"处）主要是高层卷云，西南侧（"B"处，广西中部和广东中部）有新生的强对流云团，要高度关注该区域强对流云团发展可能造成的灾害性天气。

图3-5　气象卫星监测到的强对流云团可见光图像

配合上述同时刻的水汽图像（图3-6）可以发现在云团的西侧有明显的暗区（"C"处），该暗区是冷空气沿青藏高原东侧下滑形成的，是下沉区，没有水汽，但对强对流云团的生成可以起到重要作用；"D"处色调白亮，强对流云团在发展，垂直上升运动将水汽输送到大气中高层。3月28日由强对流云团产生的强降雨使华南地区较常年偏早9天进入前汛期（常年平均开汛日为4月6日）。

带状强对流云团红外图像见图3-7。2005年8月15日下午，风云二号气象卫星红外图像监测到了一系列由大小不一的强对流云图组成的呈带状分布的强对流云带（图中箭头所指处）。图中"A"处的云带是通常说的冷锋云带，从我国河套地区一直延伸至俄罗斯远东地区。锋面前部，即红色箭头所指示的白色团状结构云团，就是对流云团。当天下午，正是这些强对流云团给北京市带来雷雨天气，造成50架次航班备降到其他机场。

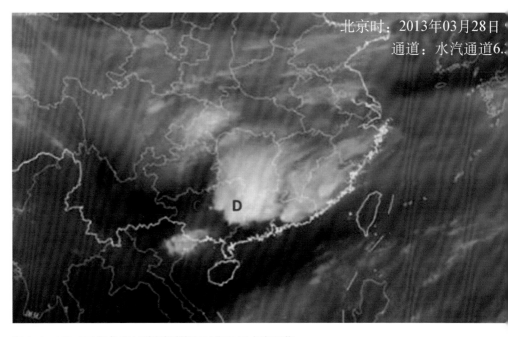

北京时：2013年03月28日
通道：水汽通道6.

图3-6　FY-2E气象卫星监测到的强对流云团水汽图像

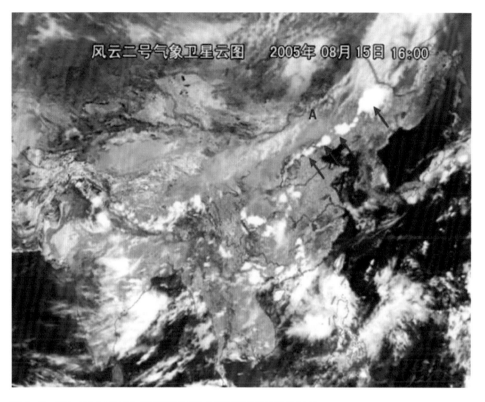

图 3-7　FY-2E 气象卫星监测到的带状强对流云团红外图像

副热带高压的监测

夏季，对于南方的朋友来说有一个重要的天气系统需要关注，那就是夏季天气系统的主角——西太平洋副热带高压，它通常是长江中下游等地高温热浪的"元凶"。西太平洋副热带高压在卫星云图上表现为大片无云区，经常是很不规则的扁圆形，横亘于西北太平洋洋面至我国中东部大陆地区。在卫星云图上，一般无云区范围越广，表明其强度越大，气温越高，稳定控制的时间也越长。图 3-8 中的黄色虚线圈画的区域就是 2013 年 8 月 7 日 20 时风云二号气象卫星监测到的副热带高压控制区域，当天我国南方地区气温超过 35 ℃ 的高温面积达到 180×10^4 千米 ^{2}。

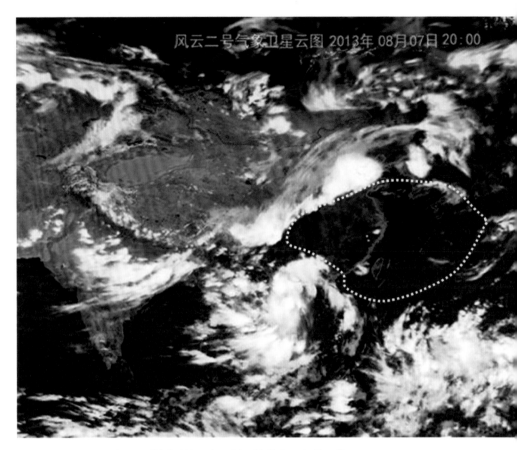

图 3-8　FY-2E 气象卫星监测到的西太平洋副热带高压红外图像

霾和雾的监测

2013 年 10 月末，印度北部和尼泊尔南部部分地区持续多日出现霾和雾天气。10 月 30 日我国 FY-3A 气象卫星监测显示，印度北部的霾呈带状分布，在其东北部的部分地区还可见雾覆盖（图 3-9a 中箭头所指处）；31 日 FY-3A 气象卫星监测显示，霾的范围较 30 日有所减小，但雾的范围有所增大（图 3-9b）。

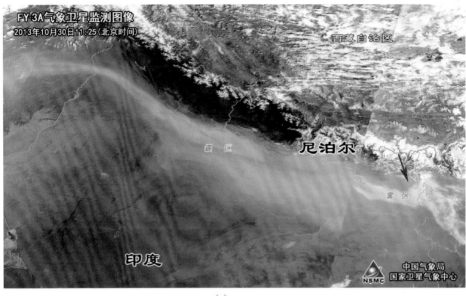

(a)

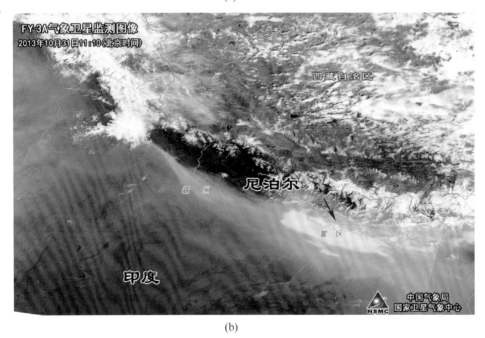

(b)

图 3-9　FY-3A 气象卫星霾和雾监测图像

（a：2013 年 10 月 30 日；b：2013 年 10 月 31 日）

沙尘天气的监测

2012 年 4 月 27 日 FY-3B 气象卫星监测到内蒙古中东部等地出现沙尘天气（图 3-10）。当天受冷锋后部较强西北气流的影响，内蒙古中东部和河北北部的部分地区出现沙尘天气，沙尘影响面积约为 9.6×10^4 千米^2。

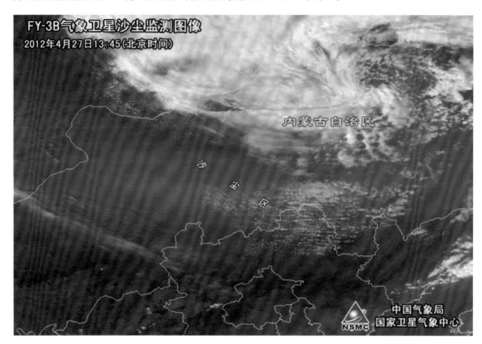

图 3-10　FY-3B 气象卫星沙尘监测图像

水情的监测

利用气象卫星 2012 年 6 月 20 日鄱阳湖水情监测图估算，鄱阳湖水体面积约 3 340 千米^2，与 5 月 17 日鄱阳湖水体面积（约 3 205 千米^2）相比增大约 4%（图 3-11）。

积雪覆盖监测

图 3-12 是 2014 年 1 月气象卫星遥感全国积雪覆盖合成图，总积雪覆盖度约

占全国总面积的 **43%**。从图中可见（图中白色部分），月内积雪覆盖区域主要出现在新疆中北部、祁连山一带、青藏高原、川西高原、内蒙古中东部、东北地区大部等地，积雪覆盖度占全区域 50% 以上的省（区）依次为黑龙江、吉林、辽宁、青海、新疆，其中，黑龙江和吉林积雪覆盖度达 90% 以上。

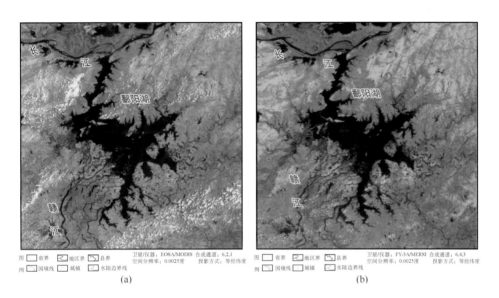

图 3-11　气象卫星鄱阳湖水体监测图（a：2012 年 6 月 20 日；b：2012 年 5 月 17 日）

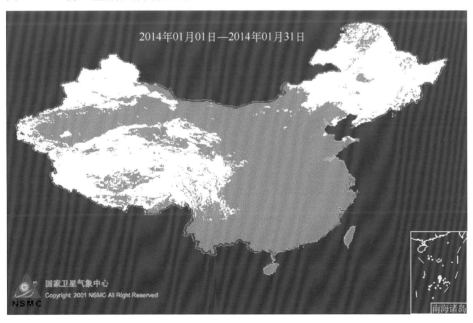

图 3-12　气象卫星遥感全国积雪覆盖月合成示意图

海洋浒苔和湖泊蓝藻的监测

2008 年北京奥运会前期，我国黄海出现了大量的浒苔（浒苔属于水生绿藻类植物，是绿藻门石莼科的一属，绿色，是海洋中的一种植物）。图 3-13 是 2008 年 6 月 25 日气象卫星监测到的浒苔信息（图中绿色部分），浒苔覆盖面积达 800 千米²。从图中可以看到，浒苔已威胁到青岛胶州湾口奥运帆船赛区的附近海域。

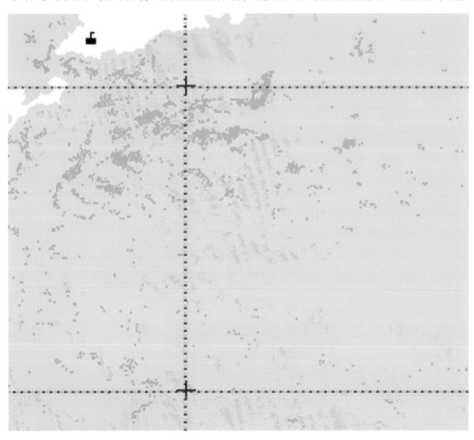

图 3-13　气象卫星监测到的浒苔信息

2007 年 4 月份，太湖出现蓝藻（一种淡水藻类生物，一般在夏季气温高、雨水少时大量繁殖，并在水面形成一层蓝绿色而有腥臭味的浮沫，称为"水华"。大规模的蓝藻暴发时，会引起水质恶化，严重时会耗尽水中氧气而造成鱼类死亡），进入 5 月份，蓝藻污染范围迅速增加，致使太湖水质严重变坏，居民无法饮用自来水。图 3-14 是利用装有中分辨率成像光谱仪的对地观测系统（EOS/MODIS）卫星监测到太湖蓝藻暴发时的信息：5 月 8 日太湖北部水域有少量蓝藻（图 3-14a 湖中绿色部分），面积约 55 千米^2；至 5 月 19 日，太湖水域北部和西部均出现较大范围蓝藻（图 3-14b），其中北部水域蓝藻面积约 183.5 千米^2，西部水域蓝藻面积约 252 千米^2。

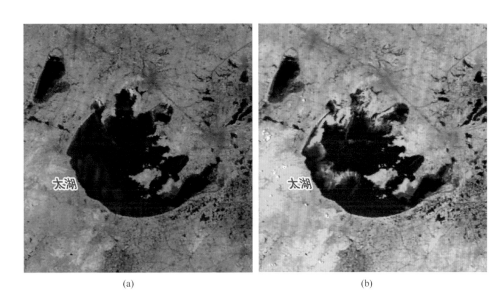

(a)   (b)

图 3-14　EOS/MODIS 卫星资料监测到的太湖蓝藻暴发

（a：2007 年 5 月 8 日；b：2007 年 5 月 19 日）

城市热岛效应的监测

城市热岛效应是指市区的气温明显高于外围郊区的现象。

2013 年 7—8 月我国南方地区出现了自 1951 年以来最强高温热浪天气，8 月 10 日，利用气象卫星数据制作的南方主要城市热岛效应监测图（图 3-15）反映出，江西南昌市辖区温度明显高于周边地区，城市热岛效应非常明显。此外，在当天的卫星遥感监测中，上海、杭州、武汉、南京等地的城市热岛效应也非常明显。

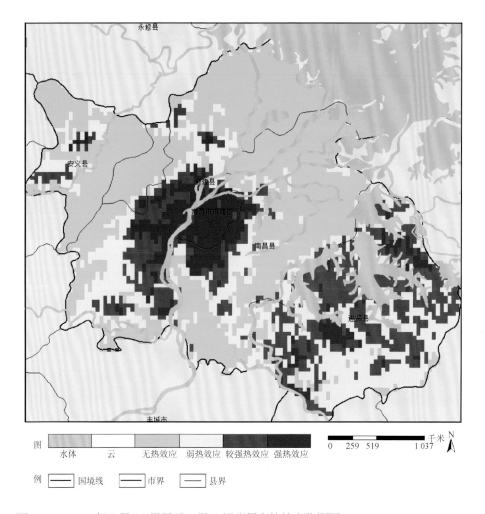

图 3-15　2013 年 8 月 10 日风云 3 号 B 星南昌市热效应监测图

森林火灾的监测

　　2007 年 8 月下旬，希腊境内发生数百起森林火灾，大火殃及国土一半以上的面积，被烧毁的森林面积高达 4 000～6 000 公顷，生态环境遭到了毁灭性的破坏，森林大火还导致无数民众被迫撤离家园。图 3-16 是 EOS/MODIS 卫星 8 月 26 日希腊地区火情监测图像，从图中可清晰地观测到希腊上空密布的灰白色浓烟和火区范围（图中红色箭头所示）。

图 3-16　EOS/MODIS 卫星监测到的希腊地区火情图像

洪涝的监测

2007 年 7 月，淮河流域发生了新中国成立以来仅次于 1954 年的全流域性大洪水，王家坝出现 4 次洪峰，造成淮河流域先后启用王家坝等 10 个蓄（滞）洪区分洪。7 月 10 日 11 时 05 分，国家防汛抗旱总指挥部副总指挥、水利部部长陈雷宣布了蒙洼分洪调度命令，安徽省提前将蒙洼区内的 3 684 名群众进行了转移，10 日 12 时 28 分开启王家坝闸分洪，12 日 10 时蒙洼蓄洪区停止蓄洪，共分洪 46 小时，拦蓄洪水 2.5×10^{8} 米^{3}。图 3-17 是蒙洼等蓄洪区分洪前后的水体变化情况（图中蓝色部分）。

总之，随着气象卫星探测能力的提升，气象卫星资料的应用领域不断被拓展，尤其是近些年来，在自然灾害监测和环境监测方面的应用逐步深入，气象卫星目前已广泛应用于火情监测、水体洪涝监测、干旱监测、沙尘监测及雾、霾监测等领域。气象卫星资料的应用为政府部门制定防灾减灾措施提供决策依据，产生了重大社会效益和经济效益。

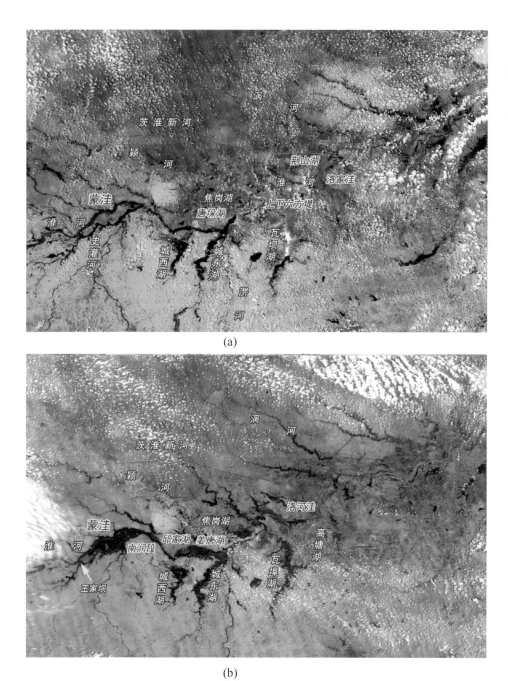

(a)

(b)

图 3-17　气象卫星淮河流域水情监测图

（a：2007 年 7 月 10 日 13 时；b：2007 年 7 月 16 日 10 时）

四、怎么看雷达图

雷达

雷达（RADAR）一词是 Radio Detection And Ranging 的缩写，意思是无线电探测和测距。雷达发明于第二次世界大战前夕，最初用于军事上。后来雷达得以广泛应用于多个领域，其中一项重要的用途是用于天气监测。通过探测大气中的雨滴和冰晶，天气雷达能够非常有效地监测到各地出现的灾害性天气，例如强降雨、雷电、冰雹和台风等。目前约有 1 000 部以上的天气雷达布设在世界各地，雷达探测已经成为气象部门最重要的大气探测和灾害性天气监测的手段之一。

天气雷达的探测原理

与气象卫星微米级的观测波长相比，天气雷达的工作波长要长得多。天气雷达会按照工作人员的要求向四面八方发射出电磁波束（微波脉冲）。当电磁波束在大气中传播遇到空气分子、大气气溶胶、云滴和雨滴等悬浮粒子时，电磁波会从这些粒子上向四面八方传播开来，这种现象称为散射。天气雷达就是通过接收被散射回来的电磁波来探测大气状况的。

雷达所发射微波波长一般在 1 ～ 10 厘米，是雨滴或冰晶直径的 10 倍左右。在该范围内，瑞利散射效应最为强烈。这样可以确保雷达波的一部分能量能够从物体表面反射回雷达站所在方向。

通过计算雷达接收的反射回来的电磁波信号的强弱来分析识别出相应的天气系统，尤其是降水天气系统的结构和特征。信号的强弱取决于多种因素，一般来说，雨滴越大越多，反射回来的信号就越强。降雨区与雷达之间的距离，可以利用微波往返降雨区所需的时间计算出来。运用雷达接收到的回波功率与雷达参数以及目标物性质之间的内在关系，可以计算出云和降水的特征量——反射（率）因子。进而，可以根据反射（率）因子与降雨强度的经验关系，来估计出一段时间内的降水量。

雷达发射的微波波长愈短，可以检测到的云滴（比雨滴小）愈小，但信号的衰减也更为强烈。因此，通常 10 厘米波段（又称为 S -band）的天气雷达被广泛使用，如北京南郊观象台的 S 波段天气雷达，但其成本也远高于 5 厘米波段（即 C -band）的雷达系统；3 厘米波段（即 X -band）的雷达仅使用于超短距离范围内的监控；而 1 厘米波段（即 Ka -band）的雷达仅用于毛毛雨或雾等微粒天气现象的研究。

多普勒天气雷达

　　近些年来，多普勒天气雷达广泛用于天气探测中。多普勒雷达不仅能够检测雨势的情况，还能够测量雨滴移近或远离雷达的径向速度[①]。多普勒原理可以利用火车鸣笛来解释：一列朝向我们开来的火车在鸣笛时，随着其临近，我们听到的声音会越来越尖；当火车离我们远去时，听到的声音会越来越低沉。这是因为火车的临近和远离，使我们听到火车鸣笛的频率发生了变化。多普勒雷达正是利用了这一原理，当雨滴移近雷达的速度越快时，反射回来的微波频率就越高。通过这样的频率转变，可以计算出雨滴移近或远离雷达的速度，进而估算风力的大小。

中国天气雷达的发展历程

　　从气象业务中使用的雷达技术来看，天气雷达经过了军事雷达的改造使用、模拟天气雷达、数字式天气雷达、多普勒天气雷达布网使用四个阶段的发展历程。

　　20 世纪 60 年代，中国引进少量国外由军用雷达改造的天气雷达用于探测试验，并着手研制 X 波段小型天气雷达（又称为 711 雷达），并改造 S 波段军用雷达用于监测台风。进入 20 世纪 70 年代，研制的 C 波段天气雷达（又称为 713 雷达）和 S 波段天气雷达（又称为 714 雷达）作为国内主要布网的天气雷达。到 20 世纪 80 年代，完成以 C 波段天气雷达为主，沿海布设 S 波段天气雷达的业务探测网，711 雷达用于局地使用和人工影响天气试验；开始对部分天气雷达进行数字化改造。20 世纪 90 年代前期进行多普勒天气雷达技术试验，中期着手发展新一代天气雷达系统，后期开始布站用于气象业务。21 世纪初，中国气象局开始实施新一代多普勒天气雷达的业务布网工作，计划布设 216 部，其中 C 波段 93 部，主要分布在内陆；S 波段 123 部，主要分布在长江流域和沿海。

---

　　① 径向速度是目标运动平行于雷达径向的分量，既可以向着雷达，也可以离开雷达。径向速度总是小于或等于实际目标速度，当目标运动垂直于雷达径向或静止时，径向速度为零。

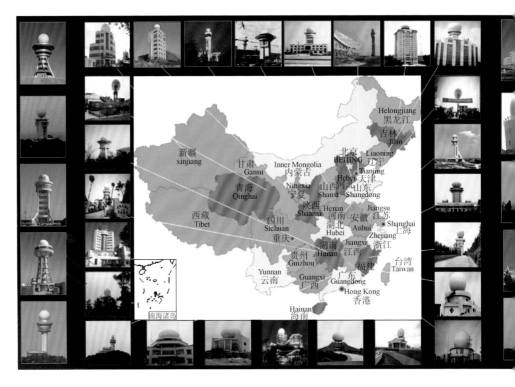

我国各地新一代天气雷达布网情况

天气雷达的应用

天气雷达是捕捉致灾性天气的能手，是帮助预报员制作短时、临近天气预报、预警的好帮手。天气雷达搜集到的高分辨率数据，可以使预报员更为清楚地掌握云、降水和中小尺度天气系统的发展演变情况，有助于及时发出致灾天气的预警信号。天气雷达搜集的数据产品有雷达回波的基本反射率产品和雷达速度产品，雷达回波是指雷达发射的电磁波在传播过程中经目标物所散射后，被雷达接收机所接收到的那部分电磁波。其中，基本反射率产品，也就是通常说的雷达回波强度图，是大家经常用到的，也是稍加学习就容易识别的；而要看懂雷达速度图像则需要经过专业的培训。雷达回波强度越大、回波颜色越亮，表示对流发展越旺盛，产生雷电、冰雹等强对流天气的可能性就越大，致灾的可能性就越大。

下面就来简单认识一下雷达回波强度图。图 4-1 是 2014 年 6 月 26 日江西南昌多普勒天气雷达的基本反射率图，反映的是云或降雨回波的强度，产品上数据的单位用"dBz"表示。反射率图上的数值愈大，暖色调愈深，强度愈强，反映的雨势就愈强。从图中可以看出此时湖北、江西和安徽交界处的雨势非常强劲。

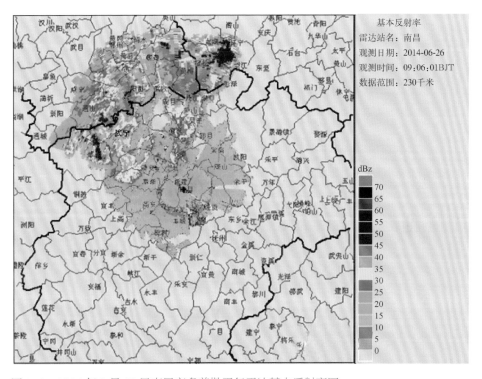

图 4-1 2014 年 6 月 26 日南昌市多普勒天气雷达基本反射率图

雷达拼图

在中国天气网的天气雷达页面上可以看到全国或区域的天气雷达拼图。为什么会有雷达拼图呢？这是由于受地形和附近建筑物的阻挡，或为了避免与其他雷达产生互相干扰，单一雷达的覆盖范围在一些区域受到限制或覆盖范围有限。若全国的多普勒天气雷达结合使用，一个地区就能够综合两部或多部雷达数据，形成雷达拼图产品。这种拼图产品，对于灾害性天气的监测非常有用，可以监测到更大区域内的致灾性天气的发展演变情况。

稍微练习一下，就可以利用中国天气网的天气雷达页面或是全国各省、市、区的数十台气象雷达的实时观测资料，让这些雷达产品成为出门旅行的好帮手。图 4-2 给出了 2012 年 7 月 21 日华北地区雷达拼图三个时次回波的变化情况。图的右上角是不同颜色所对应的降水回波强度。

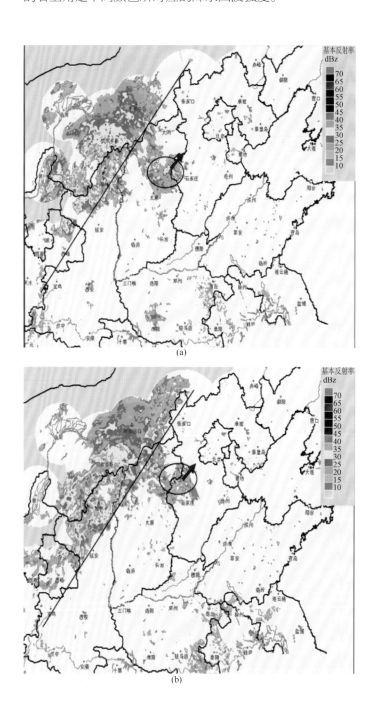

(a)

(b)

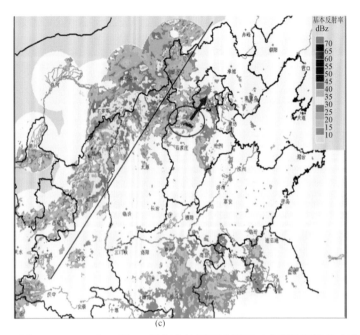

图 4-2　2012 年 7 月 21 日华北地区雷达拼图三个时次回波的变化情况

（a：02 时 50 分；b：04 时 50 分；c：07 时 40 分）

从图 4-2 中可以看出，2012 年 7 月 21 日 02 时 50 分石家庄以西出现弱的回波（图中红圆圈处），也就是有降雨出现；04 时 50 分回波到达石家庄西北部，强度略有加强；然后回波继续北移，范围扩大，强度加强，07 时 40 分位于保定中南部，这时这一带地区降雨明显。这样，很直观就看到某个地方在某一时间下雨的情况。假定这雨区移动速度、强度在短时间内保持不变，那么就可以很方便地推断出未来一定时间内，关注的地区是否会受到降雨的影响。于是，可以推断雨区将沿着红色箭头的方向继续移动，2～3 个小时后北京的门头沟和房山区将受到降雨影响。

当然，想让雷达图像成为出行的利器，还是需要积累一定的天气学经验。毕竟天气不会是这样的简单的外推，否则预报员的工作就枯燥了。老天爷的脾气古怪，天气千变万化，所以一般来说利用外推法来估计未来半小时到一小时以内的情况比较可靠。

看雷达图像识降水性质

通过雷达回波强度图，可以判断某时某地在发生什么类型的降水。例如，2003 年 2 月 10 日天津稳定性降水回波，见图 4-3。图中回波面积大，呈片状，回波相对比较均匀，最大回波强度大都低于 35 dBz，这样的回波对应的一般是小雨天气。

图 4-4 是 2008 年 8 月 8 日华北地区出现的对流性降水回波。可以看到北京地区有块状回波，中心强度超过 40 dBz，这些地方就会有强的阵雨出现。

2011 年 6 月 23 日下午北京出现暴雨天气，那天傍晚的北京一片汪洋，交通瘫痪，甚至发生了有市民不小心被卷入下水道的惨剧。图 4-5 给出的就是那天下午的北京雷达基本反射率图，可以看到，一条强回波带，回波强度超过 50 dBz，呈弧形，像一张弓，正在掠过北京城。对这样的"弓"状回波，要高度警惕，它会带来强烈的雷电、暴雨、冰雹等恶劣天气。

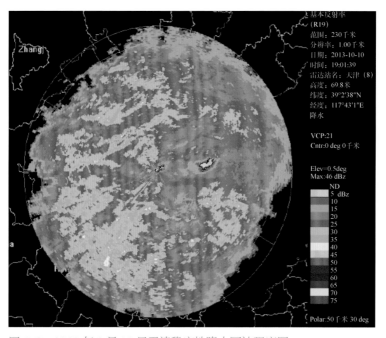

图 4–3　2003 年 2 月 10 日天津稳定性降水回波强度图

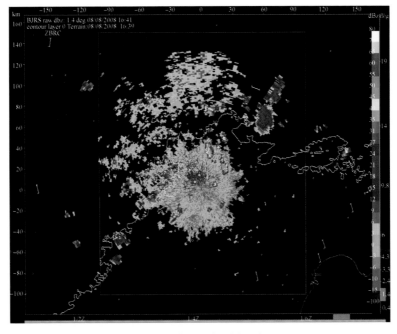

图 4-4 2008 年 8 月 8 日华北地区雷达回波强度图

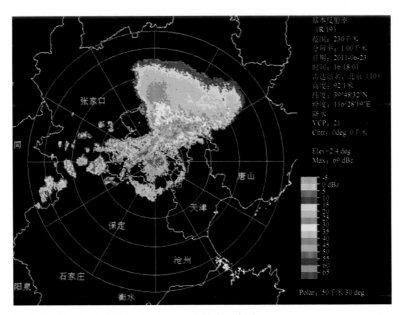

图 4-5 2011 年 6 月 23 日北京雷达基本反射率图

2005 年春天，一次强雷暴天气过程使广东地区遭受重大损失。图 4-6 是当时的雷达回波情况：3 月 22 日，一条飑线（图中红色带状回波。飑线是由许多雷暴单体构成的强对流云带，当它出现时通常伴有雷电、大风、龙卷、冰雹等，能量大，破坏力较强）在移动过程中影响了广东大部分地区。在基本反射率图上，飑线对流区域长约 150 千米，宽约 35 千米，其雷达反射率普遍在 50 dBz 以上，最大为 65 dBz。据广东省气象站网监测资料，飑线掠过之处（韶关、清远、肇庆、茂名、云浮、佛山、广州、东莞、惠州、梅州、河源等地市）先后出现 8 级以上雷雨大风、冰雹和强降水等强对流天气。其中，河源气象局测得全省最大阵风 37.2 米／秒，风力达到 13 级。看到这样形状的回波一定要小心，它带来的灾害性天气非常强烈，需要尽可能避开。

　　沿海天气雷达是监测台风、帮助预报员分析台风结构的最好帮手。2013 年第 19 号超强台风"天兔"于 9 月 22 日直接袭击华南地区。图 4-7 为 22 日 15 时"天兔"的雷达回波强度图，从图中可以清晰地看到完整的台风结构，有台风眼、螺旋状回波带。台风"天兔"正面袭击广东省，狂风暴雨与天文潮叠加导致粤东地区灾情严重。

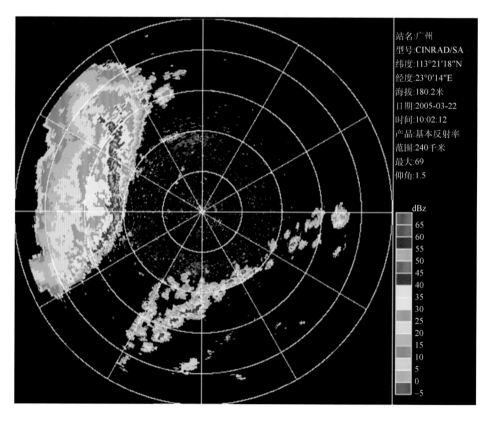

图 4-6　2005 年 3 月 22 日广州雷达回波强度图

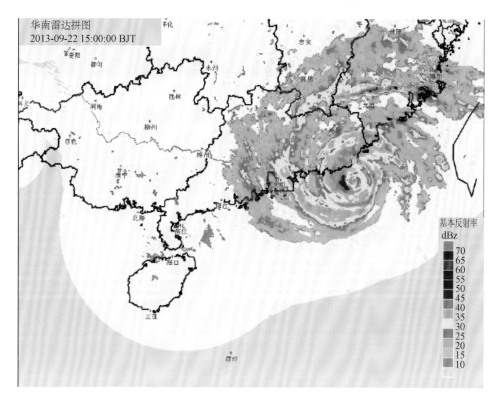

图4-7　2013年9月22日15时华南地区雷达回波强度拼图

　　多普勒天气雷达除了监测降水以外,还可以监测如冰雹、龙卷、大风等灾害性天气的发生、发展和消亡,但因其涉及较深的专业知识,在这里不便一一讲述。当然,天气雷达还可以监测到其他有趣的回波,如晴空、鸟群、飞机、太阳、大火等的回波。读者若有兴趣,可以查找相关信息。

五、什么是天气图

天气图

　　天气图是指填有各地在同一时间的气象观测记录和分析的图形，它能反映广大地区内天气实况和天气系统。天气图是用来制作天气预报的最基本的工具。在气象卫星、气象雷达和计算机出现之前，早期的气象预报员只能依靠天气图来推断未来的天气变化，制作天气预报。随着科学技术水平的进步，现在气象预报员不但能利用天气图进行分析，同时还能运用多种预报工具，如卫星云图、天气雷达图和数值天气预报等产品来综合判断未来一段时间内的天气变化，预报准确率也较以往有大幅度的提升。

　　天气图主要分为地面天气图和高空天气图两种，也有根据业务或科研需要制作的特定的天气图（也称为辅助天气图），以帮助做进一步的分析，如为了反映某一气象要素在空间分布上的差异而制作的沿同一纬度或同一经度的垂直剖面图，或水平分布图等。

地面天气图

　　地面天气图上填写的数字和符号有：观测到的海平面气压、气温、露点、云状、云量、能见度、风向、风速、现在天气、过去天气等气象要素的实况信息。图 5-1 为地面天气图上任一观测站点的填图编码和填图规范格式。

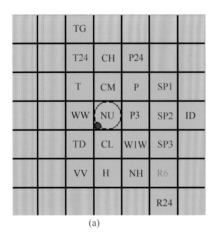

(a)

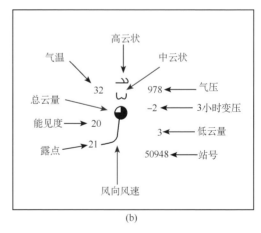

(b)

图 5-1　地面天气图上任一观测站点的填图编码（a）和填图规范模式（b）

经过对各个观测站点的观测要素进行分析，在地面天气图上就可以分析出各类天气系统，以及不同类型的天气区的分布特点等。图 5-2 是中央气象台的地面天气图，图中数字标有温度、露点、气压、天空云量、风向、风速、现在天气现象等气象要素，从天气形势的分析中（气压等值线分析），可以看出高气压中心（G）、低气压中心（D）和冷、暖锋面的分布特征。

世界上第一张天气图是德国的伯伦特斯（H. W. Brandes）于 1820 年利用 1773 年 3 月 6 日欧洲一些观测站的气压、风向记录绘制的。1851 年英国的格莱谢尔（J. Glaisher）运用当时的气象观测资料绘制了第一幅正式的地面天气图。1856 年法国的莱伐尔（J. J. Leverrier）首次把地面天气图正式运用在天气预报上。

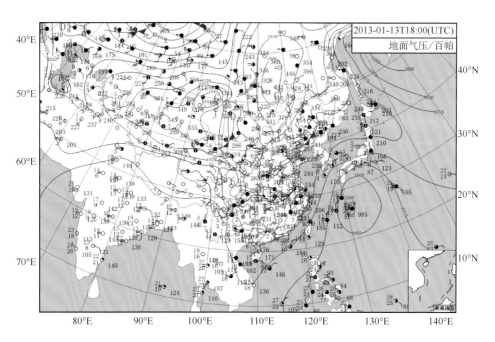

图 5-2　地面天气图（图中线条是对天气系统的分析，"G"代表高压中心，"D"代表低压中心）

高空天气图

高空天气图又叫等压面天气图，是指各观测站在高空同一等压面上（气压相等的面上）填写位势高度、温度、湿度、风向、风速等，然后根据高空图上的位势高度值、温度值的分布分析出等高线、等温线，以显示出高空天气系统及其天气形势的分布（图 5-3）。常规的高空天气图有 850 百帕、700 百帕、500 百帕和200 百帕等压面图。

将地面天气图和高空天气图结合起来，就可以分析出天气系统的三维结构，据此对某地未来的天气形势做出预报。

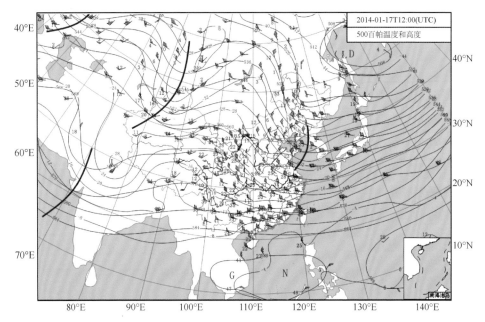

图 5-3　高空天气图（图中蓝色线条是等高线分析，单位为位势什米，红色线条是等温线分析，单位为℃）

辅助天气图

辅助天气图是气象预报员分析天气系统和揭示其运动特性的重要工具。辅助天气图种类很多，用途不同，可分为空间垂直剖面图、高空风分析图、温度-对数压力图等，它们在综合分析判断未来天气变化时具有重要作用，是常规天气分析的主要专业预报工具。下面简单介绍气象预报员常用的一种辅助天气图工具：温度-对数压力图解。

　　温度-对数压力（T-ln$p$）图，又叫"埃玛图解"，亦称"列夫斯达能量图解"，是 1927 年施蒂威（G. Stüve）首创，后经列夫斯达（A. Refsdal）修改而成。温度-对数压力图解是一种热力学（能量）图解，是预报员在分析、判断大气层结是否稳定时常用的一种工具，尤其是在分析强对流、暴雨能否发生时几乎不可或缺的辅助预报工具。

　　以图 5-4 为例说明温度-对数压力（T-ln$p$）图解（简称埃玛图）在天气预报中的应用。把气象观测站每天观测到的高空大气各个高度的温、压、湿、风数据绘制在一张图上，就形成了温度-对数压力图。图中纵坐标代表气压（对数标尺），反映的是高度，以"百帕"为单位，从基准线 1 000 百帕向上递减至 200 百帕，当气压值低于 200 百帕时，可重复使用 1 000 百帕至 200 百帕间气压坐标，即把原来的 1 000 百帕当作 200 百帕，200 百帕当作 40 百帕使用。为此，纵坐标除了右侧标注 1 000～200 百帕的气压数值外，左侧还标注 200～40 百帕的气压数值。左侧的纵坐标还标出了以"千米"为单位的高度坐标。例如图中 400 百帕就大概对应 7.5 千米的高度。横坐标代表温度，单位为"℃"。图中的蓝线用于描述不同高度的温度，例如，顺着 400 百帕高度的水平线，找到同蓝线的交点，该点在横坐标上对应的是 -21℃，即表示 400 百帕高度处的气温是 -21℃。

　　当温度逐渐下降，空气中的水汽会凝结成水滴，水汽开始凝结时的温度我们称之为露点温度。如果露点温度很高，稍微降温就有水汽凝结，表示湿度大；如果露点温度低，温度要降到很低水汽才凝结，表示湿度小。图中绿线表示的是各层的湿度（它以露点温度表示，单位也是"℃"），同样以 400 百帕高度为例，水平线和绿线的交点对应的横坐标是 -35℃，即 400 百帕高度处的露点温度是 -35℃。

　　图的最右侧用风向杆的方式标注了各层的风速风向，风向杆的尾端横杠表示风速大小，一杠表示 4 米/秒，半杠表示 2 米/秒；风向杆前端指向表示的是风向。例如，图中 400 百帕高度位置的风向杆指向东北方向，即该高度的风是西南风，风速是 10 米/秒。

　　图中还有一条棕红色的线，它表示一个气块在绝热的情况下上升到不同高度的时候，温度将下降到多少℃。在大气中温度比周围空气高的气块在浮力作用下往上浮（向上运动），温度比周围空气低的气块往下沉（向下运动）。在图中，根据图中棕红色的线，如果气块从近地面一直上升到 400 百帕附近的话，它的温度

85

会是 −19 ℃左右，而根据蓝色线我们看到 400 百帕高度的气温是 −21 ℃，也就是说上升到此的气块温度要比周围的气温高，因此它会继续上浮，我们称这种情况为不稳定，用红色区域表示。当气块只上升到 850 百帕时，其温度将会下降到14 ℃，而 850 百帕高度的气温是 19 ℃，气块的温度比周围的气温低，因此这个气块不会继续上升，而是下沉，我们称这种情况为稳定，用蓝色区域表示。蓝色区域越大，大气中的气块就越稳定，相反，红色的区域越大，大气就越不稳定。气块不停地向上运动，迅速降温，温度降得足够低时，水汽就会凝结成云，最后变成雨滴掉下来。此外，云层间气流的剧烈运动还会产生雷电、风雹等现象。因此蓝色区域和红色区域的大小和位置是预报员用来判断未来是否会发生强对流天气的一个重要参考依据。

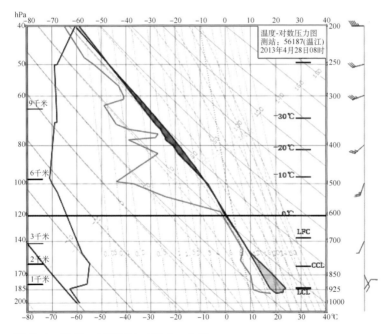

图 5-4　温度 – 对数压力（$T - \ln p$）图

天气图预报

天气图预报是指利用各种天气图对未来的天气变化趋势做出的预报，或对未来的天气形势演变做出的预报。具体方法是：预报员根据对地面天气图、高空天气图以及相关图表的分析，再结合近期天气系统的变化规律，综合推断出未来的天气特征，即天气预报；或应用天气图推断出未来的天气形势演变，即天气形势预报。图 5-5 是中央气象台台风与海洋预报中心预报北太平洋天气系统的未来变化趋势。图中标出了高、低压天气系统以及冷、暖锋面的位置，同时用箭头标出了 24 小时内高、低压中心移动的方向、距离和强度变化趋势（见图中箭头说明）。

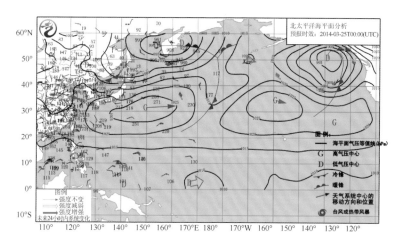

图 5-5　北太平洋天气系统的未来变化趋势预报

现代天气预报技术与天气预报用图

进入 21 世纪以来，随着观测能力的提高和各国数值预报模式的多元化发展，以及依托巨型计算机的先进技术，各种能看得见的数值天气预报产品层出不穷，其预报精度也越来越高。现代天气预报员掌握和可利用的预报工具已比 20 世纪的预报员或传统的预报员可利用的工具多得多，而且技术更先进，预报精度更高、更准确。可以说现代天气预报员是站在数值天气预报的肩膀上在做预报，他们已不再满足于只依靠传统的天气图预报方法来做预报，而是利用数值天气预报的结果，再结合卫星、雷达和其他监测信息，来修订数值天气预报的结果。因此，现在的天气预报能力比以往更强，预报准确率更高，预报时效更长，预报产品也更加丰富。下面展示的数值天气预报产品图，就是预报员在制作各类天气预报时不可或缺的预报用图。

图 5-6 是欧洲中期天气预报中心（ECMWF）模式预报的 500 百帕位势高度和

850 百帕风场的叠加图。图中彩色阴影区是 850 百帕上风速大值区，用于分析低空急流（850 百帕上，风速≥ 12 米／秒）的情况；蓝色箭头和红色箭头分别代表冷暖气流的移动方向。这是预报员在制作短期、中期天气预报时最常用的预报参考图，相当于传统的天气图预报。另外，叠加图的运用可以采用多种形式的组合，可以根据预报对象的不同，采用不同的预报图进行叠加。图 5-7 就是环流形势场、风场和卫星云图的三重组合。

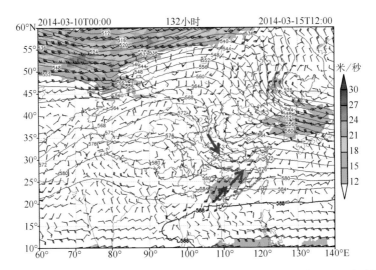

图 5–6 ECMWF 模式 500 百帕位势高度预报和 850 百帕风场预报的叠加图

（图中等值线为等高线，单位为位势什米）

图 5-8 是 2013 年 7 月 11 日 00 时（世界时）中国全球与区域同化预报系统的台风预报模式（GRAPES_TYM）对超强台风"苏力"的累积降水量预报。图中从左至右依次是未来 0～24 小时、24～48 小时和 48～72 小时的累积降水预报，这对于预报员进行台风降水预报非常有参考价值，因为预报员是在对"能够看得见的降水"在做降水预报，其实质就是在分析判断数值天气预报的结果合理不合理。如果认为不合理，或者说不准确，就要对其修订，修订后的预报结果，经过会商讨论确认后，就是最后的预报结论。

图 5-9 依然是 GRAPES_TYM 的预报结果，是对超强台风"苏力"海上 10 米高度的大风区域预报。预报的大风影响区域非常直观，让人们一目了然。

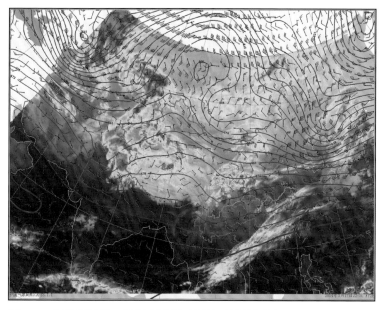

图 5-7　环流形势场、风场和卫星云图的三重叠加图

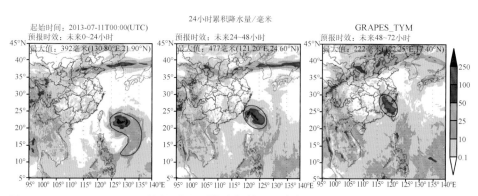

图 5-8　GRAPES_TYM 对超强台风"苏力"的累积降水量预报

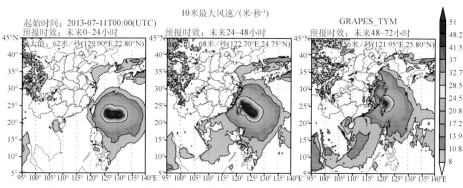

图 5-9　GRAPES_TYM 对超强台风"苏力"海上 10 米高度的大风区域预报

89

图 5-10 是 ECMWF 模式的降水相态预报图，是 2014 年 1 月 31 日 12 时提前 4.5 天来预报 2 月 5 日 00 时— 6 日 00 时的降水相态和降水量。所谓降水相态，指的是降水性质，即是降雪、降雨还是降雨夹雪。在预报图中，可以很容易通过颜色识别出什么地方要下雪，什么地方要下雨，雨雪之间的过渡带（雨夹雪）在哪个位置。其中，图中绿颜色表示降雪区域，米黄色表示雨夹雪区域，蓝色表示降雨区域。降水相态预报图在冬半年使用的较多，尤其是在雨雪转换阶段。

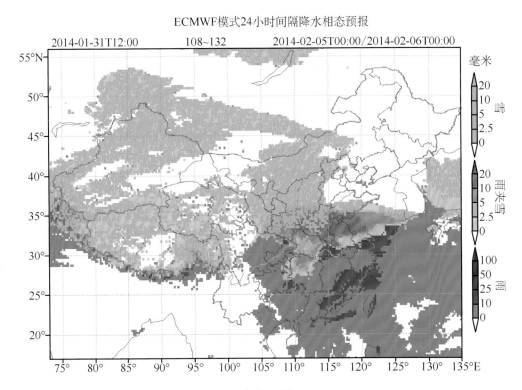

图 5-10 ECMWF 模式降水相态和降水量预报

图 5-11 是地面 2 米和 850 百帕高度上相对湿度的数值预报图，是预报员用来分析推断未来能否出现雾天气和霾天气的常用分析用图。通常近地面层大气相对湿度超过 90% 时会出现雾天气，低于 80% 时会有霾天气出现。当然，预报员不能仅依靠一种预报产品就对未来的天气现象下结论，还要综合分析多种图表并进行讨论，才能下最后的预报结论。

图 5-12 是用来推断未来气温变化常用的数值天气预报变温预报图。图中冷色调表示气温下降及下降幅度，暖色调表示气温上升及上升幅度。从图中可以

"预见"：华北、黄淮在未来24小时内气温下降幅度较大，最大下降幅度达12℃；在未来24～48小时内降温区则移至南方地区和海上，而西北、华北气温开始回升。这类数值天气预报图一般应用于冷空气预报中。

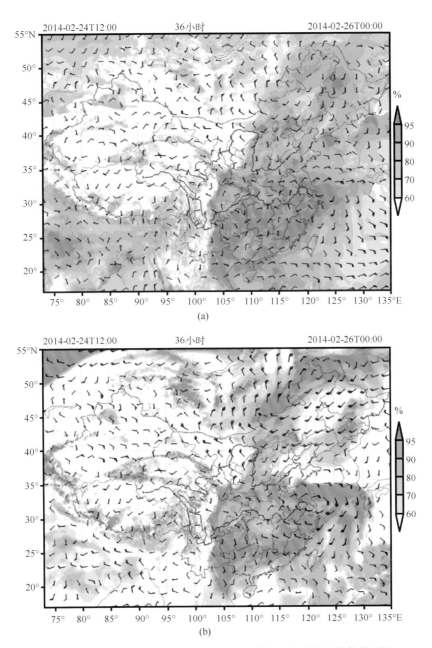

图5-11　ECMWF模式地面2米(a)和850百帕(b)相对湿度的数值预报

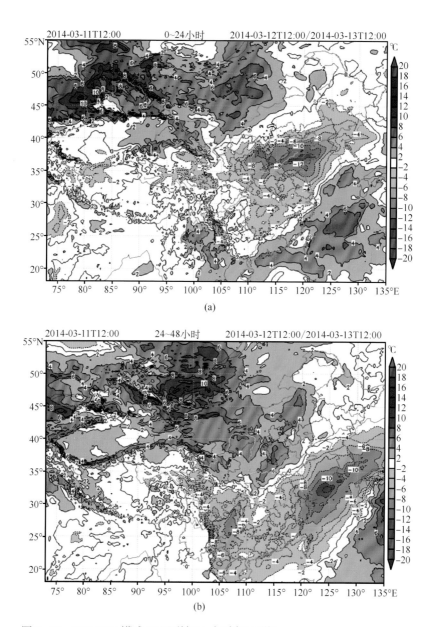

图 5-12　ECMWF 模式 850 百帕 24 小时变温预报

（a：未来 0～24 小时；b：未来 24～48 小时）

　　图 5-13 是利用中国气象科学研究院化学天气数值预报系统（CUACE）预报的未来 36 小时近地面风速和 $PM_{2.5}$ 浓度。从图中可以看出，在未来 36 小时内，河北南部、山西中南部、河南北部以及江苏南部 $PM_{2.5}$ 的浓度预报值比较高，均超过了250 微克 / 米^3。

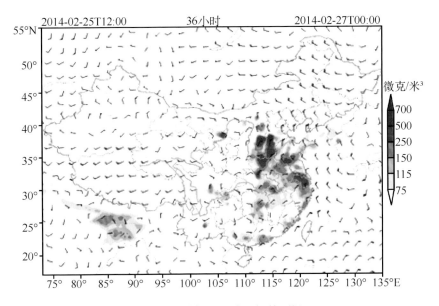

图 5-13　CUACE 对 PM$_{2.5}$浓度和地面 10 米风场的预报

　　图 5-14 是欧洲中期天气预报中心（简称欧洲中心）的集合数值预报产品，是未来 36 小时和 48 小时平均水汽通量预报图。水汽通量的高值区及未来发展趋势，是预报员判断未来强降雨落区的一个有重要指示意义的预报参考工具。因此，预报员在分析未来雨带位置和强降雨落区时经常使用水汽通量预报图。

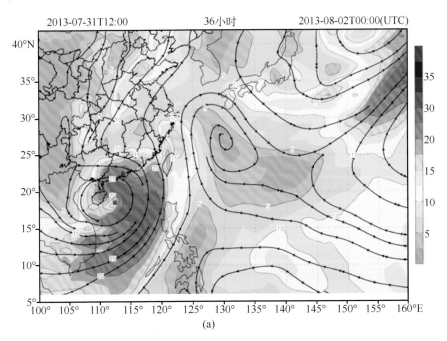

(a)

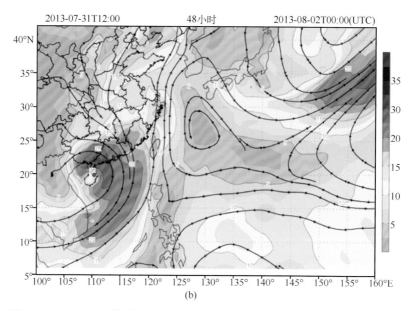

图 5-14　ECMWF 模式平均水汽通量集合预报（a：未来 36 小时；b：未来 48 小时。

阴影代表水汽通量，单位：克·百帕$^{-1}$·厘米$^{-1}$·秒$^{-1}$；流线代表方向）

　　图 5-15 是为制作某一地点（山东济宁）温度预报的参考用图，是欧洲中心集合预报的结果。它展示了在不同时刻离地面 2 米高度的温度预报值（略高于我国百叶箱中温度计的高度）。

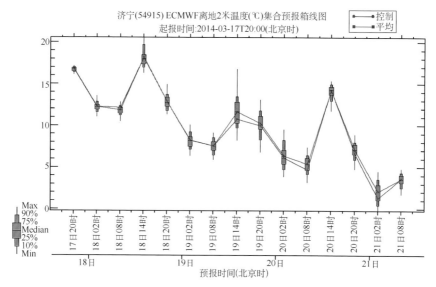

图 5-15　山东济宁离地 2 米高度的温度集合预报图

　　图 5-16 中的三幅图是制作中期天气预报时常用的数值预报图。其中，图 5-16a 是北半球未来 10 天的环流形势平均图，常用来推断未来的气温变化趋势和降水情况；图 5-16b 的时间序列的剖面图较为复杂，但专业预报员可以从中提取出未来冷、暖空气活动的气象信息；图 5-16c 是实况信息＋预报信息＋气候背景信息的综合图，它包含预报信息和统计信息的内容，可用来分析西北太平洋副热带高压未来强度的变化趋势，然后，根据其变化可以进一步推断副热带高压对我国的直接影响和间接影响。

ECMWF模式北半球500百帕高度场平均值和距平值预报(预报时效为未来24~240小时，单位为位势什米)
起始时间:2014-03-17T 20:00

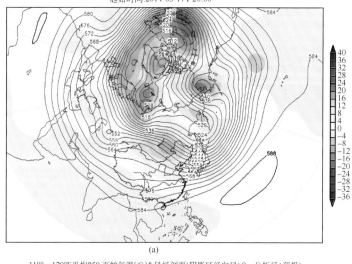

(a)

110°－120°E平均850 百帕气温(℃)&风场剖面(阴影区经向风>0，分析场+预报)

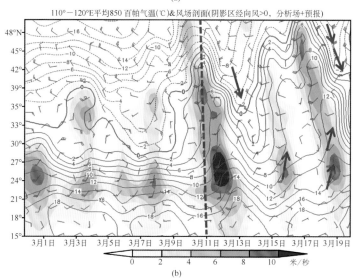

(b)

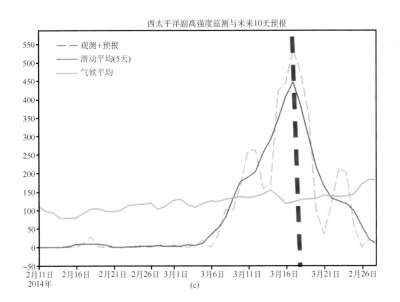

图 5–16　制作中期天气预报时常用的数值预报图（a：未来 10 天环流形势预报图；b：时间序列的剖面图；c：实况信息 + 预报信息 + 气候背景信息的综合图）

　　图 5-17 展示的是多家数值天气预报模式在同一时间、同一个预报时效内对同一个气象要素（降水量）预报的对比图。图中有 JAPAN（日本）、ECMWF（欧洲中期天气预报中心）、NCEP GFS（美国国家气象中心）、T639（中国）、Multi-model（多模式集成，是中国中央气象台根据 JAPAN，ECMWF，NCEP GFS，T639 等四个数值预报产品集成的预报产品）、GERMAN（德国）、GRAPES（中国）、JAPAN GSM（日本）、T213（中国）等九个模式的预报结果。从图中可以看到，虽然预报的对象、预报的时段相同，但预报的结果却不一样。因此，预报员在利用数值天气预报产品做预报时，就要仔细分析研判，不能完全依赖数值天气预报的结果，要通过检验，不断总结和经验积累，要有甄别、订正的能力，充分利用数值天气预报的结果来制作未来的天气预报。所以，目前一个优秀的预报员必须掌握对各种数值天气预报模式产品的理解和使用。

2014年3月10日20时预报11日08时—12日08时累积降水多模式对比

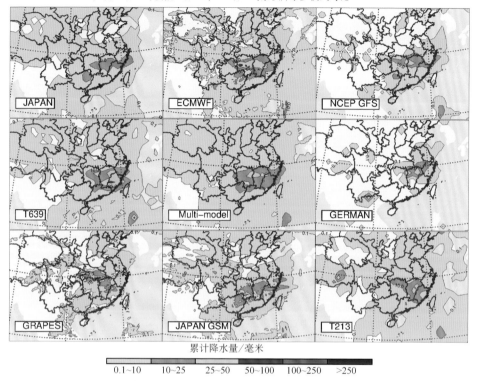

累计降水量/毫米

0.1~10　　10~25　　25~50　　50~100　　100~250　　>250

图 5-17　多家数值天气预报模式在同一时间、同一个预报时效内对降水量预报的对比图

六、天气预报常用术语

天气预报用语

在收听广播或收看电视时经常会有天气预报播报信息，有时在小区或街头显示屏上也会有天气预报信息，例如，某某气象台今天 18 时发布的天气预报：预计，今天夜间到明天白天，晴转阴，西北部地区有小雨，北转南风 2～3 级，今天夜间最低气温 19 ℃，明天白天最高气温 24 ℃。这一段预报里涉及了预报时段、地点和预报的天气现象，同时还有天气预报的发布单位、发布时间等，这些能够表达完整的天气预报内容的语言都属于天气预报用语。气象部门为了使广大群众能够理解天气预报，对天气预报的使用语言（用语）都有着严格的规范，比如在时间上的用语、在地点上的用语、在天气现象描述上的用语等。

时间用语

白天：是指一天中的 08 时至 20 时的时间段。

夜间：是指当日 20 时至次日 08 时的时间段。

各时段用语：凌晨（03—05 时）、早晨（05—08 时）、上午（08—11 时）、中午（11—13 时）、下午（13—17 时）、傍晚（17—20 时），上半夜（20—24 时）、下半夜（次日 00—05 时）、半夜（当日 23 时 — 次日 01 时）。

未来几天：是指从当日开始至结束的时间段内。如未来三天，是指从当日开始算起的连续三天，即包括当日、次日和第三日。

地点用语

在天气预报中，一般由当地气象台发布的天气预报就是针对本地的，所以一般不会出现"地点"上的理解偏差。而由上一级气象部门，如省级气象台、中央气象台发布的天气预报，因为是属于"大区域"的天气预报，预报内容多，而播报的时间又有限制，因此，为了在有限的时间内把预报播完，在地点用语上往往存在"大概念"的表达现象，所以有时会对某个人所关心的某一地点"照顾"不够，从而会留下天气预报虽然播完了，可却没有获得"某一地点"是什么天气的印象。这里将常用的气象地理区域划分罗列如下。

大部分地区：是指面积占该区域的 60% 及以上。如，湖北大部分地区有中雨，是指湖北省 60% 以上的区域有中雨；东北大部分地区有小雨，是指东北地区 60% 以上的区域有小雨。

部分地区：是指面积为该区域的 30%～60%。（举例说明同上）

局部地区：是指面积不到该区域的 30%。（举例说明同上）

在 2006 年由气象出版社出版的《中国气象地理区划手册》中规定：我国南、北方是以淮河至秦岭一线为界划定的。淮河、秦岭以北为我国北方地区，以南为我国南方地区。

同时，《中国气象地理区划手册》在一级区划中又将我国陆地划分为十一个大区，分别为：

西北地区：陕西、甘肃、宁夏、青海、新疆五省（区）；

华北地区：山西、河北两省，北京、天津两市和河南、山东两省黄河以北地区；

内蒙古地区：内蒙古自治区；

东北地区：辽宁、吉林、黑龙江三省；

黄淮地区：黄河至淮河间所包含的河南、山东、安徽、江苏四省地区；

江淮地区：淮河至长江间所包含的河南、湖北、安徽、江苏四省地区；

江南地区：长江至南岭间所包含的湖北、湖南、江西、浙江、安徽、江苏、上海和福建北部（从南岭向东延伸）等地；

江汉地区：江淮、黄淮以西的河南、湖北其余地区；

华南地区：广东、广西、海南、台湾四省（区）和福建南部、香港特别行政区、澳门特别行政区等地；

西南地区：四川、重庆、贵州、云南四省（市）；

西藏地区：西藏自治区。

在《中国气象地理区划手册》中，还有详细的全国二级气象地理区划说明和全国各个省（区、市）气象地理区划说明。感兴趣的读者可以进一步查阅此书。

天空状况用语

天空状况是指观测时天空云量的多少。把整个天空划分成十份，云遮盖天空的成数叫"云量"。根据云量占天空的多少，把天空状况分为晴天、少云、多云、阴天四种情况。

晴天：一般是指天空云量不到二成。较严格的规定是：天空无云，或有零星的云块，其中，中、低云量占不到天空的 1/10，或高云云量占不到天空的 4/10。

少云：是指天空云量为二到四成。较严格的规定是：天空中有占 1/10 ～ 3/10 的中、低云，或有占 4/10 ～ 5/10 的高云。

多云：天空云量为五到七成。较严格的规定是：天空中有占 4/10 ～ 7/10 的中、低云，或有占 6/10 ～ 8/10 层的高云。

阴天：天空云量在八成以上。较严格的规定是：天空阴暗，中、低云量占天空面积的 8/10 及以上，或天空虽有云隙，但仍有阴暗之感。

若天空云量变化不定，则用"晴到少云""多云间阴天""阴天间多云"等来表示。

温度用语

我国气象部门所说的气温，是指离地面约 1.5 米高，在四面通风的百叶箱中的温度，以摄氏温标（℃）表示。

最高气温：一般出现在白天，受太阳辐射影响，最高气温常出现在当地的14—15时。但是，如果遇到有天气系统的影响，一天中最高气温也可能出现在其他时段。

最低气温：一般是指第二天早晨出现的最低气温，往往出现在早晨日出之前，即06时前后。同样，如果遇到天气系统的影响，一天中最低气温也可能出现在其他时段。

降水用语

常用的降水用语，按天气现象分为：阴有雨、阵雨、雷阵雨、雨夹雪、雨转雪、冻雨等；按降水等级（一段时间内降水量的多少）划分为：小雨、中雨、大雨、暴雨、大暴雨、特大暴雨、小雪、中雪、大雪、暴雪、大暴雪、特大暴雪等。降水量等级划分见表6-1。

阴有雨：阴天有雨，下雨过程中不间断或间断不明显。

阵　雨：是指降雨时大、时小、时停，下雨断断续续。

雷阵雨：忽下忽停并伴有电闪雷鸣的阵性降水。

雨夹雪：降水时，有雨滴和雪花同时出现。

雨转雪：先下雨，而后转为降雪。

冻　雨：是指由过冷水滴组成的，与温度低于0℃的物体碰撞立即冻结的降水。冻雨容易导致电线结冰断线，公路结冰影响交通，林木结冰使枝干折断。

表 6-1 不同时段降水量等级划分

等级	时段降雨量 / 毫米		等级	时段降雪量 / 毫米	
	24 小时降雨量	12 小时降雨量		24 小时降雪量	12 小时降雪量
微量降雨（零星小雨）	＜0.1	＜0.1	微量降雪（零星小雪）	＜0.1	＜0.1
小雨	0.1～9.9	0.1～4.9	小雪	0.1～2.4	0.1～0.9
中雨	10.0～24.9	5.0～14.9	中雪	2.5～4.9	1.0～2.9
大雨	25.0～49.9	15.0～29.9	大雪	5.0～9.9	3.0～5.9
暴雨	50.0～99.9	30.0～69.9	暴雪	10.0～19.9	6.0～9.9
大暴雨	100.0～249.9	70.0～139.9	大暴雪	20.0～29.9	10.0～14.9
特大暴雨	≥250.0	≥140.0	特大暴雪	≥30.0	≥15.0

我国幅员辽阔，东部地区气候湿润、降水多，西部地区气候干燥、降水少，东西部地区在降水特征以及致灾程度上存在着显著的差异。以新疆为例，新疆深居欧亚大陆腹地，远离海洋，湿润的海洋气流难以到达，形成少雨干燥的大陆性气候特征。因此，在降水等级的划分上，新疆有自己的规定（表6-2）。

表 6-2 新疆降水量等级标准（供参考）

等级	降雨量 / 毫米		等级	降雪量 / 毫米	
	24 小时降雨量	12 小时降雨量		24 小时降雪量	12 小时降雪量
微雨	0.0～0.2	0.0～0.1	微雪	0.0～0.2	0.0～0.1
小雨	0.3～6.0	0.2～5.0	小雪	0.3～3.0	0.2～2.5
小到中雨	4.5～9.0	3.1～7.5	小到中雪	2.5～4.5	1.6～3.5
中雨	6.1～12.0	5.1～10.0	中雪	3.1～6.0	2.6～5.0
中到大雨	9.1～18.0	7.6～15.0	中到大雪	4.6～9.0	3.6～7.5
大雨	12.1～24.0	10.1～20.0	大雪	6.1～12.0	5.1～10.0
大到暴雨	18.1～36.0	15.1～30.0	大到暴雪	9.1～18.0	7.6～15.0
暴雨	24.1～48.0	20.1～40.0	暴雪	12.1～24.0	10.1～20.0
大暴雨	48.1～96.0	40.1～80.0	大暴雪	24.1～48.0	20.1～40.0
特大暴雨	＞96.0	＞80.0	特大暴雪	＞48.0	＞40.0

风的用语

风的用语由风向、风力组成。

风向：指风的来向。风向一般用 8 个方位来表示，分为：北、西北、西、西南、南、东南、东、东北；也有用 16 个方位来表示的，分为：北、北西北、西北、西西北、西、西西南、西南、南西南、南、南东南、东南、东东南、东、东东北、东北、北东北。

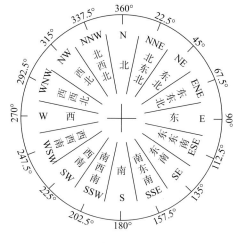

风向方位图

风力：指风的强度。风力大小是用风级来表述的，是根据风对地面（或海面）物体的影响程度确定的，采用蒲福风力等级表示。有时也把风级换算成多少米每秒，即用风速大小来表示。

根据《地面气象电码手册》规定：风向，采用两分钟的最多风向；风速，用两分钟的平均风速，以"米 / 秒"为单位。风速与风力之间的关系详见蒲福风力等级表（表 6-3）。

阵风：通常风力的预报往往是指一段时间内的平均风力大小，但如果瞬间或短时间内风力较大，会用"阵风"来表述。预报阵风的风力要高于平均风的风力，如预报风力 5～6 级、阵风 7 级，前者是指平均风力的预报，后者是阵风大小的预报。

风向转变：当未来风向变化达 90° 或 90° 以上时，在风向的预报中要加"转"字，如北风 3～4 级转南风 2～3 级。

风级：指风力的大小，用蒲福风级来表示。蒲福风级是英国人蒲福（F. Beaufort）于 1805 年根据风对地面（或海面）物体影响程度而定出的风力等级，常用以估计风速的大小。后经过改进，分成 13 个风级（0～12 级）。现已增至 19 个等级（0～18 级）。

表 6-3 蒲福风力等级表

风力级数	名称	海面状况		陆地物象	海面波浪	相当于空旷平地上标准高度 10 米处的风速 /(米·秒$^{-1}$)
		海浪 / 米				
		一般	最高			
0	静稳	–	–	静，烟直上	平静	0～0.2
1	软风	0.1	0.1	烟示风向	微波峰无飞沫	0.3～1.5
2	轻风	0.2	0.3	感觉有风	小波峰未破碎	1.6～3.3
3	微风	0.6	1.0	旌旗展开	小波峰顶破裂	3.4～5.4
4	和风	1.0	1.5	吹起尘土	小浪白沫波峰	5.5～7.9
5	劲风	2.0	2.5	小树摇摆	中浪白沫峰群	8.0～10.7
6	强风	3.0	4.0	电线有声	大浪白沫离峰	10.8～13.8
7	疾风	4.0	5.5	步行困难	破峰白沫成条	13.9～17.1
8	大风	5.5	7.5	折毁树枝	浪长高有浪花	17.2～20.7
9	烈风	7.0	10.0	小损房屋	浪峰倒卷	20.8～24.4
10	狂风	9.0	12.5	拔起树木	海浪翻滚咆哮	24.5～28.4
11	暴风	11.5	16.0	损毁重大	波峰全呈飞沫	28.5～32.6
12	飓风	14.0	–	摧毁力极大	海浪滔天	32.7～36.9
13						37.0～41.4
14						41.5～46.1
15						46.2～50.9
16						51.0～56.0
17						56.1～61.2
18						≥ 61.3

农用天气预报用语

中国是一个农业大国，也是世界上农业自然灾害最为严重的国家之一。据统计，中国的农业气象灾害占全部农业自然灾害的 70% 左右，每年因各种气象灾害造成的农作物受灾面积达 $5×10^7$ 公顷，气象灾害已对国家粮食安全和农业可持续发展构成了严重威胁。因此，气象部门十分重视农用天气预报工作，每当冬小麦返青季节，或春播春种、夏收夏种、秋收秋种等农忙季节，气象部门都会通过电视、广播、网络等媒体播报分析农业气象条件、指导农业生产的农用天气预报，还经常派出农业气象专家深入田间地头了解作物长势情况，把脉农业生产。

农用天气预报是根据当地农业生产过程中各主要农事活动以及相关技术措施对天气条件的需要而编发的一种针对性较强的专业气象预报。它是从农业生产需要的角度出发，在天气预报、气候预测、农业气象预报的基础上，结合农业气象指标体系、农业气象定量评价技术等，预测未来对农业生产有影响的天气条件、天气状况，并分析其对农业生产的具体影响，提出有针对性的措施和建议，为农业生产提供指导性服务的农业气象专项业务。

我国主要的农业气象灾害有以下几种。

农业干旱：是指因长时间降水偏少、空气干燥、土壤缺水，造成农作物体内水分亏缺，影响农作物正常发育甚至造成减产。

在北方地区，农业干旱主要分为春夏旱、夏秋旱。其中，春夏旱主要对冬小麦、春小麦、玉米、大豆、棉花等作物正常生长发育影响较大，夏秋旱主要影响的是玉米、大豆和棉花。此外，黄淮海平原的秋冬旱会影响到冬小麦的播种、出苗和越冬。

在南方地区，农业干旱主要是冬春旱和伏秋旱。其中，冬春旱主要影响冬小麦、油菜、一季稻、棉花、蚕豆和烤烟，伏秋旱主要影响水稻、棉花、甘蔗、果树等。

干热风：是指北方冬小麦在开花灌浆期出现的一种高温低湿并伴有一定风力的灾害性、高影响天气，主要影响冬小麦灌浆成熟，降低千粒重，导致小麦减产。干热风一般发生在 5 月中旬至 6 月上旬，如果出现日最高气温 ≥30 ℃、午后相对湿度 ≤30%、风速 ≥3 米／秒时，会影响到冬小麦灌浆成熟。因此，达到这个指标，就认为发生了干热风灾害。

水稻高温热害：是指长江流域水稻在开花灌浆期遭受高温影响，导致灌浆期缩短，千粒重下降，空秕率增加。高温热害主要发生在夏季 6—8 月。

水稻高温热害分两个阶段。一是水稻在抽穗开花期，对高温比较敏感，如果出现连续三天日最高气温 ≥ 35 ℃，或日平均气温 ≥ 30 ℃，高温就会影响花粉发育成熟，使开花授粉受精不良。二是在水稻灌浆期，如果早稻灌浆期遇到日最高气温 ≥ 35 ℃ 或日平均气温 ≥ 30 ℃，一季稻和晚稻灌浆期日平均气温 ≥ 28 ℃，那么水稻灌浆期将缩短，成熟期提前，空秕率增加。

东北夏季低温冷害：是指东北地区作物生长季内某一段时期温度持续偏低，热量不足，使作物生育进程减慢，或在生殖生长关键阶段内温度短时间明显偏低，影响生殖生长，最终导致作物减产。例如，如果在春玉米抽雄期气温 ≤ 18 ℃，或在灌浆乳熟期气温 ≤ 16 ℃，且持续 3 天以上，则出现了低温冷害。

南方早稻播种育秧期低温阴雨：是指华南和江南早稻播种育秧期间出现的低温伴有阴雨寡照的灾害性天气，常造成早稻烂秧和死苗，出现时间为 3—4 月，分轻度、中度和重度影响。

轻度影响：日平均气温 ≤ 12 ℃，且持续 3～5 天。

中度影响：日平均气温 ≤ 12 ℃，且持续 6～9 天；或日平均气温 ≤ 10 ℃，且持续 3 天以上。

重度影响：日平均气温 ≤ 12 ℃，且持续 10 天以上；或日平均气温 ≤ 8 ℃，且持续 3 天以上。

寒露风：是指江南、华南晚稻抽穗扬花期因低温天气造成抽穗扬花受阻、空壳率增加的一种灾害性天气。当冷空气南下，气温明显下降，若伴有阴雨、大风或干燥天气，则危害会加重。寒露风出现的时间，江南为 9 月份，华南为 10 月份。寒露风的影响分轻度、中度和重度影响。

轻度影响：日平均气温 ≤ 22 ℃，且持续 3 天以上；或日平均气温 ≤ 22 ℃，持续 2 天，且日最低气温 ≤ 17 ℃。

中度影响：日平均气温 ≤ 20 ℃，且持续 3～5 天；或日平均气温 ≤ 20 ℃，持续 2 天，且日最低气温 ≤ 17 ℃。

重度影响：日平均气温 ≤ 20 ℃，且持续 6 天以上。

霜冻害：是指气温突然下降，植物茎、叶温度下降到 0 ℃ 或 0 ℃ 以下时，致使正在生长发育的作物被冻伤，从而导致作物减产、绝收或品质下降。

根据霜冻发生的季节不同，霜冻害分为早霜冻（秋霜冻）、晚霜冻（春霜冻）两种。另外，也有把霜冻分为初霜冻（每年秋季第一次出现的霜冻）和终霜冻（翌年春季最后一次出现的霜冻）的，初霜冻来得早或终霜冻结束得晚，对农作物的影响都比较大。

寒害：是指华南地区和云南的热带和亚热带作物及水产养殖生物因气温降低

引起生理机能障碍，因而遭受损伤的一种农业气象灾害。寒害发生的时间是 10 月至翌年 3 月，主要时段为 12 月至翌年 2 月，主要影响对象是橡胶、香蕉、荔枝、龙眼、甘蔗、芒果等热带和亚热带作物和水产养殖生物。一般日最低气温≤5 ℃时，热带作物和水产养殖生物就会受到影响；当日最低气温≤0 ℃时，就会对其产生严重影响。

倒春寒：是指初春气温回升较快，而在春季后期出现强冷空气影响，或冷空气持续影响，或阴雨寡照天气，导致气温较正常年份偏低，并对农业生产造成影响的天气气候现象。倒春寒出现的时间和影响对象因地而异，见表 6-4。

表 6-4　倒春寒

发生区域	出现时间	指标	主要影响
西北、华北、黄淮	4—5 月	日最低气温≤2 ℃	冬小麦、棉花、果树、蔬菜遭受霜冻害
南方	3—5 月	日最低气温≤2 ℃	油菜、蔬菜等遭受霜冻害
		早稻播种和育秧期：日平均气温≤12 ℃，持续 3～5 天	早稻烂种、烂秧
		早稻分蘖孕穗期：连续 3 天日平均气温≤20 ℃，极端最低气温≤17 ℃	影响早稻分蘖和幼穗分化

连阴雨：是指在作物生长季中出现连续阴雨天达 4～5 天或 5 天以上的天气现象。其特点是多雨、寡照，常与低温相伴，对作物正常生长影响较大。例如，3—4 月长江中下游地区春季连阴雨可引起棉花烂种、冬小麦和油菜湿害。

湿渍害：是指由于长期降雨或降雨量过大，加之地面排水不畅和土壤透水能力不强，使作物根层土壤持续处于过湿状态，或作物根系被水长期浸泡缺氧，造成作物生长不良、死亡或严重减产的农业气象灾害。湿渍害主要出现在春季、夏季和秋季。一般情况下，当土壤相对湿度＞90% 时，为土壤过湿；如果土壤过湿持续 10 天以上，作物就会发生湿渍害。

烂场雨：是指麦收期出现的连阴雨。在小麦成熟收获期出现多雨寡照天气，造成难以下地收割，从而导致小麦发芽、霉变。

华北地区在 5 月下旬至 6 月中旬，如果出现连续阴雨日数超过 3 天，过程雨量在 40 毫米以上时，就会对小麦成熟收获影响很大。

黄淮、江淮、江汉地区在 5 月下旬至 6 月上中旬，如果出现连续阴雨日数在 5 天以上，过程雨量多于 50 毫米时，就称为烂场雨。

华西秋雨：是指在秋收作物产量形成期和收获阶段出现的多雨寡照天气，可导致秋收作物不能充分灌浆成熟、倒伏和霉烂发芽。

七、天气预报常用符号

在天气预报中，常用符号主要分两类，一类是供气象人员专用的天气现象识别符号，一类是在气象信息传播中易于为人们识别理解的图形符号。前者是气象人员在观测天气现象、填图（天气图）和天气预报中使用的，在此不做介绍。后者是出现在媒体、公众场合中便于人们识别、理解的符号，其中又分为两种，一种是表示天气特征的图形符号，另一种是代表灾害性天气预警等级的不同颜色的图形符号——气象灾害预警信号。

天气图形符号

为了形象生动地传播气象信息，使媒体和公众更好地理解、使用天气预报信息，2008 年出台了中华人民共和国国家标准《公共气象服务　天气图形符号》（GB/T 22164—2008）。标准中规定了 37 种天气图形符号，分黑白图标和彩色图标，形象、生动地反映了各种天气现象，便于人们理解、使用和传播。

用于公共气象信息传播的天气图形符号和说明

序号	黑白符号	彩色符号	名称	名称（英文）	说明
1			晴（白天）	sunny	适用于白天时间段晴的表示以及不区分白天、夜晚时间段时晴的表示
2			晴（夜晚）	sunny at night	适用于夜晚的晴
3			多云（白天）	cloudy	适用于白天的多云以及不区分白天、夜晚时间段时多云的表示
4			多云（夜晚）	cloudy at night	适用于夜晚的多云
5			阴天	overcast	
6			小雨	light rain	
7			中雨	moderate rain	
8			大雨	heavy rain	

序号	黑白符号	彩色符号	名称	名称（英文）	说明
9			暴雨	torrential rain	适用于暴雨及暴雨以上降雨
10			阵雨	shower	
11			雷阵雨	thunder shower	
12			雷电	lightning	
13			冰雹	hail	
14			轻雾	light fog	
15			雾	fog	
16			浓雾	severe fog	
17			霾	haze	
18			雨夹雪	sleet	
19			小雪	light snow	
20			中雪	moderate snow	
21			大雪	heavy snow	
22			暴雪	torrential snow	适用于暴雪以及暴雪以上降雪

续表

序号	黑白符号	彩色符号	名称	名称（英文）	说明
23			冻雨	freezing rain	
24			霜冻	frost	
25			4 级风	4-force wind	
26			5 级风	5-force wind	
27			6 级风	6-force wind	
28			7 级风	7-force wind	
29			8 级风	8-force wind	
30			9 级风	9-force wind	
31			10 级风	10-force wind	
32			11 级风	11-force wind	
33			12 级及以上风	12-force wind	适用于 12 级及 12 级以上风
34			台风	tropical cyclone	适用于热带气旋各等级（含热带低压、热带风暴、强热带风暴、台风、强台风、超强台风）

序号	黑白符号	彩色符号	名称	名称（英文）	说明
35	S	S	浮尘	floating dust	
36	⬆S	⬆S	扬沙	dust blowing	
37	S➡	S➡	沙尘暴	sandstorm/ duststorm	适用于沙尘暴、强沙尘暴、特强沙尘暴

气象灾害预警信号

　　我国幅员辽阔，气象及其衍生灾害和次生灾害种类多，影响范围广，发生频率高，持续时间长，是世界上受气象灾害影响最为严重的国家之一，平均每年因气象灾害造成的经济损失占全国自然灾害损失的 70% 以上，受影响人口达 4 亿人次。为做好气象灾害防范应对工作，减轻灾害造成的损失，确保人民群众生命财产安全，中国气象局于 2007 年 6 月 12 日实施了《气象灾害预警信号发布与传播办法》（中国气象局令第 16 号）。气象灾害预警信号，是指各级气象主管机构所属的气象台站向社会公众发布的预警信息。

　　向社会及时发布气象灾害预警信号，增强了公众的灾害防御意识和主动避灾意识，降低了灾害风险对人身安全和财产损失的侵袭。同时根据预警信号的颜色（等级）预判气象灾害影响的程度，有利于公众采取正确的防范措施。下面将气象灾害预警信号的发布原则和灾害防御指南逐一介绍。

　　气象灾害预警信号由名称、图标、发布标准和防御指南组成，分为台风、暴雨、暴雪、寒潮、大风、沙尘暴、高温、干旱、雷电、冰雹、霜冻、大雾、霾、道路结冰等。气象灾害预警信号的级别依据气象灾害可能造成的危害程度、紧急程度和发展态势一般划分为四级：IV 级（一般）、III 级（较重）、II 级（严重）、I 级（特别严重），依次用蓝色、黄色、橙色和红色表示，同时以中英文标识。

台风预警信号

台风预警信号分四级，分别以蓝色、黄色、橙色和红色表示。

台风蓝色预警信号

标准：24 小时内可能或者已经受热带气旋影响，沿海或者陆地平均风力达 6 级以上，或者阵风 8 级以上并可能持续。

防御指南

（1）政府及相关部门按照职责做好防台风准备工作；

（2）停止露天集体活动和高空等户外危险作业；

（3）相关水域水上作业和过往船舶采取积极的应对措施，如回港避风或者绕道航行等；

（4）加固门窗、围板、棚架、广告牌等易被风吹动的搭建物，切断危险的室外电源。

台风黄色预警信号

标准：24 小时内可能或者已经受热带气旋影响，沿海或者陆地平均风力达 8 级以上，或者阵风 10 级以上并可能持续。

防御指南

（1）政府及相关部门按照职责做好防台风应急准备工作；

（2）停止室内外大型集会和高空等户外危险作业；

（3）相关水域水上作业和过往船舶采取积极的应对措施，加固港口设施，防止船舶走锚、搁浅和碰撞；

（4）加固或者拆除易被风吹动的搭建物，人员切勿随意外出，确保老人、小孩留在家中最安全的地方，危房人员及时转移。

台风橙色预警信号

 标准：12 小时内可能或者已经受热带气旋影响，沿海或者陆地平均风力达 10 级以上，或者阵风 12 级以上并可能持续。

防御指南

（1）政府及相关部门按照职责做好防台风抢险应急工作；

（2）停止室内外大型集会，停课、停业（除特殊行业外）；

（3）相关水域水上作业和过往船舶应当回港避风，加固港口设施，防止船舶走锚、搁浅和碰撞；

（4）加固或者拆除易被风吹动的搭建物，人员应当尽可能待在防风安全的地方，当台风中心经过时风力会减小或者静止一段时间，切记强风将会突然吹袭，应当继续留在安全处避风，危房人员及时转移；

（5）相关地区应当注意防范强降水可能引发的山洪、地质灾害。

台风红色预警信号

 标准：6 小时内可能或者已经受热带气旋影响，沿海或者陆地平均风力达 12 级以上，或者阵风达 14 级以上并可能持续。

防御指南

（1）政府及相关部门按照职责做好防台风应急和抢险工作；

（2）停止集会、停课、停业（除特殊行业外）；

（3）回港避风的船舶要视情况采取积极措施，妥善安排人员留守或者转移到安全地带；

（4）加固或者拆除易被风吹动的搭建物，人员应当待在防风安全的地方，当台风中心经过时风力会减小或者静止一段时间，切记强风将会突然吹袭，应当继续留在安全处避风，危房人员及时转移；

（5）相关地区应当注意防范强降水可能引发的山洪、地质灾害。

暴雨预警信号

暴雨预警信号分四级，分别以蓝色、黄色、橙色、红色表示。

暴雨蓝色预警信号

 标准：12 小时内降雨量将达 50 毫米以上，或者已达 50 毫米以上且降雨可能持续。

防御指南

（1）政府及相关部门按照职责做好防暴雨准备工作；

（2）学校、幼儿园采取适当措施，保证学生和幼儿安全；

（3）驾驶人员应当注意道路积水和交通阻塞，确保安全；

（4）检查城市、农田、鱼塘排水系统，做好排涝准备。

暴雨黄色预警信号

 标准：6 小时内降雨量将达 50 毫米以上，或者已达 50 毫米以上且降雨可能持续。

防御指南

（1）政府及相关部门按照职责做好防暴雨工作；

（2）交通管理部门应当根据路况在强降雨路段采取交通管制措施，在积水路段实行交通引导；

（3）切断低洼地带有危险的室外电源，暂停在空旷地方的户外作业，转移危险地带人员和危房居民到安全场所避雨；

（4）检查城市、农田、鱼塘排水系统，采取必要的排涝措施。

暴雨橙色预警信号

标准：3 小时内降雨量将达 50 毫米以上，或者已达 50 毫米以上且降雨可能持续。

防御指南

（1）政府及相关部门按照职责做好防暴雨应急工作；

（2）切断有危险的室外电源，暂停户外作业；

（3）处于危险地带的单位应当停课、停业，采取专门措施保护已到校学生、幼儿和其他上班人员的安全；

（4）做好城市、农田的排涝，注意防范可能引发的山洪、滑坡、泥石流等灾害。

暴雨红色预警信号

标准：3 小时内降雨量将达 100 毫米以上，或者已达 100 毫米以上且降雨可能持续。

防御指南

（1）政府及相关部门按照职责做好防暴雨应急和抢险工作；

（2）停止集会和停课、停业（除特殊行业外）；

（3）做好山洪、滑坡、泥石流等灾害的防御和抢险工作。

暴雪预警信号

暴雪预警信号分四级，分别以蓝色、黄色、橙色、红色表示。

暴雪蓝色预警信号

 标准：12 小时内降雪量将达 4 毫米以上，或者已达 4 毫米以上且降雪持续，可能对交通或者农牧业有影响。

防御指南

（1）政府及有关部门按照职责做好防雪灾和防冻害准备工作；

（2）交通、铁路、电力、通信等部门应当进行道路、铁路、线路巡查维护，做好道路清扫和积雪融化工作；

（3）行人注意防寒防滑，驾驶人员小心驾驶，车辆应当采取防滑措施；

（4）农牧区和种养殖业要储备饲料，做好防雪灾和防冻害准备工作；

（5）加固棚架等易被雪压的临时搭建物。

暴雪黄色预警信号

 标准：12 小时内降雪量将达 6 毫米以上，或者已达 6 毫米以上且降雪持续，可能对交通或者农牧业有影响。

防御指南

（1）政府及相关部门按照职责落实防雪灾和防冻害措施；

（2）交通、铁路、电力、通信等部门应当加强道路、铁路、线路巡查维护，做好道路清扫和积雪融化工作；

（3）行人注意防寒防滑，驾驶人员小心驾驶，车辆应当采取防滑措施；

（4）农牧区和种养殖业要备足饲料，做好防雪灾和防冻害准备工作；

（5）加固棚架等易被雪压的临时搭建物。

暴雪橙色预警信号

标准：6 小时内降雪量将达 10 毫米以上，或者已达 10 毫米以上且降雪持续，可能或者已经对交通或者农牧业有较大影响。

防御指南

（1）政府及相关部门按照职责做好防雪灾和防冻害的应急工作；

（2）交通、铁路、电力、通信等部门应当加强道路、铁路、线路巡查维护，做好道路清扫和积雪融化工作；

（3）减少不必要的户外活动；

（4）加固棚架等易被雪压的临时搭建物，将户外牲畜赶入棚圈喂养。

暴雪红色预警信号

标准：6 小时内降雪量将达 15 毫米以上，或者已达 15 毫米以上且降雪持续，可能或者已经对交通或者农牧业有较大影响。

防御指南

（1）政府及相关部门按照职责做好防雪灾和防冻害的应急和抢险工作；

（2）必要时停课、停业（除特殊行业外）；

（3）必要时飞机暂停起降，火车暂停运行，高速公路暂时封闭；

（4）做好牧区等救灾救济工作。

121

寒潮预警信号

寒潮预警信号分四级，分别以蓝色、黄色、橙色、红色表示。

寒潮蓝色预警信号

标准：48 小时内最低气温将要下降 8 ℃以上，最低气温小于或等于 4 ℃，陆地平均风力可达 5 级以上；或者最低气温已经下降 8 ℃以上，最低气温小于或等于 4 ℃，平均风力达 5 级以上，并可能持续。

防御指南

（1）政府及有关部门按照职责做好防寒潮准备工作；

（2）注意添衣保暖；

（3）对热带作物、水产品采取一定的防护措施；

（4）做好防风准备工作。

寒潮黄色预警信号

标准：24 小时内最低气温将要下降 10 ℃以上，最低气温小于或等于 4 ℃，陆地平均风力可达 6 级以上；或者最低气温已经下降 10 ℃以上，最低气温小于或等于 4 ℃，平均风力达 6 级以上，并可能持续。

防御指南

（1）政府及有关部门按照职责做好防寒潮工作；

（2）注意添衣保暖，照顾好老、弱、病人；

（3）对牲畜、家禽和热带、亚热带水果及有关水产品、农作物等采取防寒措施；

（4）做好防风工作。

寒潮橙色预警信号

标准：24小时内最低气温将要下降12℃以上，最低气温小于或等于0℃，陆地平均风力可达6级以上；或者最低气温已经下降12℃以上，最低气温小于或等于0℃，平均风力达6级以上，并可能持续。

防御指南

（1）政府及有关部门按照职责做好防寒潮应急工作；

（2）注意防寒保暖；

（3）农业、水产业、畜牧业等要积极采取防霜冻、冰冻等防寒措施，尽量减少损失；

（4）做好防风工作。

寒潮红色预警信号

标准：24小时内最低气温将要下降16℃以上，最低气温小于或等于0℃，陆地平均风力可达6级以上；或者最低气温已经下降16℃以上，最低气温小于或等于0℃，平均风力达6级以上，并可能持续。

防御指南

（1）政府及相关部门按照职责做好防寒潮的应急和抢险工作；

（2）注意防寒保暖；

（3）农业、水产业、畜牧业等要积极采取防霜冻、冰冻等防寒措施，尽量减少损失；

（4）做好防风工作。

大风预警信号

大风（除台风外）预警信号分四级，分别以蓝色、黄色、橙色、红色表示。

大风蓝色预警信号

标准：24小时内可能受大风影响，平均风力可达6级以上，或者阵风7级以上；或者已经受大风影响，平均风力为6～7级，或者阵风7～8级并可能持续。

防御指南

（1）政府及相关部门按照职责做好防大风工作；

（2）关好门窗，加固围板、棚架、广告牌等易被风吹动的搭建物，妥善安置易受大风影响的室外物品，遮盖建筑物资；

（3）相关水域水上作业和过往船舶采取积极的应对措施，如回港避风或者绕道航行等；

（4）行人注意尽量少骑自行车，刮风时不要在广告牌、临时搭建物等下面逗留；

（5）有关部门和单位注意森林、草原等防火。

大风黄色预警信号

标准：12小时内可能受大风影响，平均风力可达8级以上，或者阵风9级以上；或者已经受大风影响，平均风力为8～9级，或者阵风9～10级并可能持续。

（1）政府及相关部门按照职责做好防大风工作；

（2）停止露天活动和高空等户外危险作业，危险地带人员和危房居民尽量转移到避风场所避风；

（3）相关水域水上作业和过往船舶采取积极的应对措施，加固港口设施，防止船舶走锚、搁浅和碰撞；

（4）切断户外危险电源，妥善安置易受大风影响的室外物品，遮盖建筑物资；

（5）机场、高速公路等单位应当采取保障交通安全的措施，有关部门和单位注意森林、草原等防火。

大风橙色预警信号

标准： 6 小时内可能受大风影响，平均风力可达 10 级以上，或者阵风 11 级以上；或者已经受大风影响，平均风力为 10 ～ 11 级，或者阵风 11 ～ 12 级并可能持续。

（1）政府及相关部门按照职责做好防大风应急工作；

（2）房屋抗风能力较弱的中小学校和单位应当停课、停业，人员减少外出；

（3）相关水域水上作业和过往船舶应当回港避风，加固港口设施，防止船舶走锚、搁浅和碰撞；

（4）切断危险电源，妥善安置易受大风影响的室外物品，遮盖建筑物资；

（5）机场、铁路、高速公路、水上交通等单位应当采取保障交通安全的措施，有关部门和单位注意森林、草原等防火。

大风红色预警信号

标准：6 小时内可能受大风影响，平均风力可达 12 级以上，或者阵风 13 级以上；或者已经受大风影响，平均风力为 12 级以上，或者阵风 13 级以上并可能持续。

防御指南

（1）政府及相关部门按照职责做好防大风应急和抢险工作；

（2）人员应当尽可能停留在防风安全的地方，不要随意外出；

（3）回港避风的船舶要视情况采取积极措施，妥善安排人员留守或者转移到安全地带；

（4）切断危险电源，妥善安置易受大风影响的室外物品，遮盖建筑物资；

（5）机场、铁路、高速公路、水上交通等单位应当采取保障交通安全的措施，有关部门和单位注意森林、草原等防火。

沙尘暴预警信号

沙尘暴预警信号分三级，分别以黄色、橙色、红色表示。

沙尘暴黄色预警信号

标准：12 小时内可能出现沙尘暴天气（能见度小于 1 000 米），或者已经出现沙尘暴天气并可能持续。

防御指南

（1）政府及相关部门按照职责做好防沙尘暴工作；

（2）关好门窗，加固围板、棚架、广告牌等易被风吹动的搭建物，妥善安置易受大风影响的室外物品，遮盖建筑物资，做好精密仪器的密封工作；

（3）注意携带口罩、纱巾等防尘用品，以免沙尘对眼睛和呼吸道造成损伤；

（4）呼吸道疾病患者、对风沙较敏感人员不要到室外活动。

沙尘暴橙色预警信号

标准：6小时内可能出现强沙尘暴天气（能见度小于500米），或者已经出现强沙尘暴天气并可能持续。

防御指南

（1）政府及相关部门按照职责做好防沙尘暴应急工作；

（2）停止露天活动和高空、水上等户外危险作业；

（3）机场、铁路、高速公路等单位做好交通安全的防护措施，驾驶人员注意沙尘暴变化，小心驾驶；

（4）行人注意尽量少骑自行车，户外人员应当戴好口罩、纱巾等防尘用品，注意交通安全。

沙尘暴红色预警信号

标准：6小时内可能出现特强沙尘暴天气（能见度小于50米），或者已经出现特强沙尘暴天气并可能持续。

防御指南

（1）政府及相关部门按照职责做好防沙尘暴应急抢险工作；

（2）人员应当留在防风、防尘的地方，不要在户外活动；

（3）学校、幼儿园推迟上学或者放学，直至特强沙尘暴结束；

（4）飞机暂停起降，火车暂停运行，高速公路暂时封闭。

高温预警信号

高温预警信号分三级，分别以黄色、橙色、红色表示。

高温黄色预警信号

标准：连续3天日最高气温将在35℃以上。

防御指南

（1）有关部门和单位按照职责做好防暑降温准备工作；

（2）午后尽量减少户外活动；

（3）对老、弱、病、幼人群提供防暑降温指导；

（4）高温条件下作业和白天需要长时间进行户外露天作业的人员应当采取必要的防护措施。

高温橙色预警信号

标准：24小时内最高气温将升至37℃以上。

防御指南

（1）有关部门和单位按照职责落实防暑降温保障措施；

（2）尽量避免在高温时段进行户外活动，高温条件下作业的人员应当缩短连续工作时间；

（3）对老、弱、病、幼人群提供防暑降温指导，并采取必要的防护措施；

（4）有关部门和单位应当注意防范因用电量过高，以及电线、变压器等电力负载过大而引发的火灾。

高温红色预警信号

标准：24 小时内最高气温将升至 40 ℃以上。

防御指南

（1）有关部门和单位按照职责采取防暑降温应急措施；

（2）停止户外露天作业（除特殊行业外）；

（3）对老、弱、病、幼人群采取保护措施；

（4）有关部门和单位要特别注意防火。

干旱预警信号

干旱预警信号分两级，分别以橙色、红色表示。干旱指标等级划分，以国家标准《气象干旱等级》（GB/T 20481—2006）中的综合气象干旱指数为标准。

干旱橙色预警信号

标准：预计未来一周综合气象干旱指数达到重旱（气象干旱为 25～50 年一遇），或者某一县（区）有 40% 以上的农作物受旱。

防御指南

（1）有关部门和单位按照职责做好防御干旱的应急工作；

（2）有关部门启用应急备用水源，调度辖区内一切可用水源，优先保障城乡居民生活用水和牲畜饮水；

（3）压减城镇供水指标，优先经济作物灌溉用水，限制大量农业灌溉用水；

（4）限制非生产性高耗水及服务业用水，限制排放工业污水；

（5）气象部门适时进行人工增雨作业。

干旱红色预警信号

标准：预计未来一周综合气象干旱指数达到特旱（气象干旱为 50 年以上一遇），或者某一县（区）有 60% 以上的农作物受旱。

防御指南

（1）有关部门和单位按照职责做好防御干旱的应急和救灾工作；

（2）各级政府和有关部门启动远距离调水等应急供水方案，采取提外水、打深井、车载送水等多种手段，保障城乡居民生活用水和牲畜饮水；

（3）限时或者限量供应城镇居民生活用水，缩小或者阶段性停止农业灌溉供水；

（4）严禁非生产性高耗水及服务业用水，暂停排放工业污水；

（5）气象部门适时加大人工增雨作业力度。

雷电预警信号

雷电预警信号分三级，分别以黄色、橙色、红色表示。

雷电黄色预警信号

标准：6 小时内可能发生雷电活动，可能会造成雷电灾害事故。

防御指南

（1）政府及相关部门按照职责做好防雷工作；

（2）密切关注天气，尽量避免户外活动。

雷电橙色预警信号

标准：2 小时内发生雷电活动的可能性很大，或者已经受雷电活动影响，且可能持续，出现雷电灾害事故的可能性比较大。

防御指南

（1）政府及相关部门按照职责落实防雷应急措施；

（2）人员应当留在室内，并关好门窗；

（3）户外人员应当躲入有防雷设施的建筑物或者汽车内；

（4）切断危险电源，不要在树下、电杆下、塔吊下避雨；

（5）在空旷场地不要打伞，不要把农具、羽毛球拍、高尔夫球杆等扛在肩上。

雷电红色预警信号

标准：2 小时内发生雷电活动的可能性非常大，或者已经有强烈的雷电活动发生，且可能持续，出现雷电灾害事故的可能性非常大。

防御指南

（1）政府及相关部门按照职责做好防雷应急抢险工作；

（2）人员应当尽量躲入有防雷设施的建筑物或者汽车内，并关好门窗；

（3）切勿接触天线、水管、铁丝网、金属门窗、建筑物外墙，远离电线等带电设备和其他类似金属装置；

（4）尽量不要使用无防雷装置或者防雷装置不完备的电视、电话等电器；

（5）密切注意雷电预警信息的发布。

冰雹预警信号

冰雹预警信号分两级，分别以橙色、红色表示。

冰雹橙色预警信号

标准：6小时内可能出现冰雹天气，并可能造成雹灾。

防御指南

（1）政府及相关部门按照职责做好防冰雹的应急工作；

（2）气象部门做好人工防雹作业准备并择机进行作业；

（3）户外行人立即到安全的地方暂避；

（4）驱赶家禽、牲畜进入有顶篷的场所，妥善保护易受冰雹袭击的汽车等室外物品或者设备；

（5）注意防御冰雹天气伴随的雷电灾害。

冰雹红色预警信号

标准：2小时内出现冰雹的可能性极大，并可能造成重雹灾。

防御指南

（1）政府及相关部门按照职责做好防冰雹的应急和抢险工作；

（2）气象部门适时开展人工防雹作业；

（3）户外行人立即到安全的地方暂避；

（4）驱赶家禽、牲畜进入有顶篷的场所，妥善保护易受冰雹袭击的汽车等室外物品或者设备；

（5）注意防御冰雹天气伴随的雷电灾害。

霜冻预警信号

霜冻预警信号分三级，分别以蓝色、黄色、橙色表示。

霜冻蓝色预警信号

标准：48 小时内地面最低温度将要下降到 0 ℃以下，对农业将产生影响，或者已经降到 0 ℃以下，对农业已经产生影响，并可能持续。

防御指南

（1）政府及农林主管部门按照职责做好防霜冻准备工作；

（2）对农作物、蔬菜、花卉、瓜果、林业育种要采取一定的防护措施；

（3）农村基层组织和农户要关注当地霜冻预警信息，以便采取措施加强防护。

霜冻黄色预警信号

标准：24 小时内地面最低温度将要下降到 –3 ℃以下，对农业将产生严重影响，或者已经降到 –3 ℃以下，对农业已经产生严重影响，并可能持续。

防御指南

（1）政府及农林主管部门按照职责做好防霜冻应急工作；

（2）农村基层组织要广泛发动群众防灾抗灾；

（3）对农作物、林业育种要积极采取田间灌溉等防霜冻、冰冻措施，尽量减少损失；

（4）对蔬菜、花卉、瓜果要采取覆盖、喷洒防冻液等措施，减轻冻害。

霜冻橙色预警信号

标准：24 小时内地面最低温度将要下降到 –5 ℃以下，对农业将产生严重影响，或者已经降到 –5 ℃以下，对农业已经产生严重影响，并将持续。

防御指南

（1）政府及农林主管部门按照职责做好防霜冻应急工作；

（2）农村基层组织要广泛发动群众防灾抗灾；

（3）对农作物、蔬菜、花卉、瓜果、林业育种要采取积极的应对措施，尽量减少损失。

大雾预警信号

大雾预警信号分三级，分别以黄色、橙色、红色表示。

大雾黄色预警信号

标准：12 小时内可能出现能见度小于 500 米的雾，或者已经出现能见度小于 500 米、大于或等于 200 米的雾并将持续。

防御指南

（1）有关部门和单位按照职责做好防雾准备工作；

（2）机场、高速公路、轮渡码头等单位加强交通管理，保障安全；

（3）驾驶人员注意雾的变化，小心驾驶；

（4）户外活动注意安全。

大雾橙色预警信号

标准：6 小时内可能出现能见度小于 200 米的雾，或者已经出现能见度小于 200 米、大于或等于 50 米的雾并将持续。

防御指南

（1）有关部门和单位按照职责做好防雾工作；

（2）机场、高速公路、轮渡码头等单位加强调度指挥；

（3）驾驶人员必须严格控制车、船的行进速度；

（4）减少户外活动。

大雾红色预警信号

标准：2 小时内可能出现能见度小于 50 米的雾，或者已经出现能见度小于 50 米的雾并将持续。

防御指南

（1）有关部门和单位按照职责做好防雾应急工作；

（2）有关单位按照行业规定适时采取交通安全管制措施，如机场暂停飞机起降，高速公路暂时封闭，轮渡暂时停航等；

（3）驾驶人员根据雾天行驶规定，采取雾天预防措施，根据环境条件采取合理行驶方式，并尽快寻找安全停放区域停靠；

（4）不要进行户外活动。

霾预警信号

2013 年 4 月 19 日中国气象局预报与网络司通过气预函〔2013〕34 号文件下发了《霾预警信号修订标准（暂行）》的通知，规定霾预警信号分为三级，以黄色、橙色和红色表示。

霾黄色预警信号

标准：预计未来 24 小时内可能出现下列条件之一并将持续，或实况已达到下列条件之一并可能持续：

（1）能见度小于 3 000 米且相对湿度小于 80% 的霾；

（2）能见度小于 3 000 米且相对湿度大于或等于 80%，$PM_{2.5}$ 浓度大于 115 微克 / 米^3 且小于或等于 150 微克 / 米^3；

（3）能见度小于 5 000 米，$PM_{2.5}$ 浓度大于 150 微克 / 米^3 且小于或等于 250 微克 / 米^3。

防御指南

（1）空气质量明显降低，人员需适当防护；

（2）一般人群适量减少户外活动，儿童、老人及易感人群应减少外出。

霾橙色预警信号

标准：预计未来 24 小时内可能出现下列条件之一并将持续，或实况已达到下列条件之一并可能持续：

（1）能见度小于 2 000 米且相对湿度小于 80% 的霾；

（2）能见度小于 2 000 米且相对湿度大于或等于 80%，$PM_{2.5}$ 浓度大于 150 微克 / 米^3 且小于或等于 250 微克 / 米^3；

（3）能见度小于 5 000 米，$PM_{2.5}$ 浓度大于 250 微克 / 米^3 且小于或等于 500 微克 / 米^3。

防御指南

（1）空气质量差，人员需适当防护；

（2）一般人群减少户外活动，儿童、老人及易感人群应尽量避免外出。

霾红色预警信号

标准：预计未来 24 小时内可能出现下列条件之一并将持续，或实况已达到下列条件之一并可能持续：

（1）能见度小于 1 000 米且相对湿度小于 80% 的霾；

（2）能见度小于 1 000 米且相对湿度大于或等于 80%，$PM_{2.5}$ 浓度大于 250 微克 / 米^3 且小于或等于 500 微克 / 米^3；

（3）能见度小于 5 000 米，$PM_{2.5}$ 浓度大于 500 微克 / 米^3。

防御指南

（1）政府及相关部门按照职责采取相应措施，控制污染物排放；

（2）空气质量很差，人员需加强防护；

（3）一般人群避免户外活动，儿童、老人及易感人群应当留在室内；

（4）机场、高速公路、轮渡码头等单位加强交通管理，保障安全；

（5）驾驶人员谨慎驾驶。

道路结冰预警信号

道路结冰预警信号分三级，分别以黄色、橙色、红色表示。

道路结冰黄色预警信号

标准：当路表温度低于 0 ℃，出现降水，12 小时内可能出现对交通有影响的道路结冰。

防御指南

（1）交通、公安等部门要按照职责做好道路结冰应对准备工作；

（2）驾驶人员应当注意路况，安全行驶；

（3）行人外出尽量少骑自行车，注意防滑。

道路结冰橙色预警信号

标准：当路表温度低于 0 ℃，出现降水，6 小时内可能出现对交通有较大影响的道路结冰。

防御指南

（1）交通、公安等部门要按照职责做好道路结冰应急工作；

（2）驾驶人员必须采取防滑措施，听从指挥，慢速行驶；

（3）行人出门注意防滑。

道路结冰红色预警信号

标准： 当路表温度低于 0 ℃，出现降水，2 小时内可能出现或者已经出现对交通有很大影响的道路结冰。

防御指南

（1）交通、公安等部门做好道路结冰应急和抢险工作；

（2）交通、公安等部门注意指挥和疏导行驶车辆，必要时关闭结冰道路交通；

（3）人员尽量减少外出。

八、获取天气预报的途径

天气预报的获取

　　随着人们生活质量的提高，人们对天气预报信息的需求越来越多，要求也越来越高，天气信息已无所不在地影响着人们的生活。以加拿大为例，加拿大每天有超过 90% 的人需要天气预报信息，有超过 26% 的人要根据天气预报的情况安排自己的商务活动。

　　现在是信息时代，因此，获得天气预报的信息非常容易、方便。获取天气预报的传统方法是通过收听广播、收看电视、看报纸、拨打电话等方式；而现在网络发达，人们可以用手机、电脑随时上网查询自己所关心的天气预报内容，另外，手机用户还可以根据需要定制天气预报信息。利用网络可以搜索到国内或国外专业气象网站，查阅所关心地点的天气预报或气候特点。在我国，专业的气象频道和网站有中国气象频道、中国天气网和中国气象网等。中国气象频道每天 24小时不间断地播发天气预报、气象灾害预警、农业气象预报、气象新闻、气象与生活、气象探奇、热点追击、气象知识及军事气象、气象科普等栏目，使观众了解气象与生活的关系，用气象指导生活；中国天气网内容非常丰富，可以随时查阅各地的天气实况、天气预报、气候背景、气象科普等信息；中国气象网也提供全国各地的天气预报信息。

电视天气预报

中国天气网

明天是个好天吗

 中国气象局
China Meteorological Administration

北京 19℃~6℃ 北风3-4级

首页　领导主站　部门概况　新闻资讯　信息公开　服务办事　天气预报

公告：　度气象科技成果转化奖评选工作的通知 2014.10.27 · 中国气象局关

《气象科技创新体系建设指导意见（2014-2020年）》出台

每日天气提示 | 气象今天 | 全面深化气象改革 | 全面推进气象现代化 | 气象科技创新体系建设指导意见

东北大部今日降温 南方地区阴雨上位

传播科学知识 建设美丽中国

深秋时节也话"霜"

朝开国爱帝曹植的《燕歌行》吟："秋风萧瑟天气凉，草木摇落露为霜。"其意是深秋时节，风吹树木的声音⋯⋯

天气预报中的"冷空气"　　长江流域为何今秋降水⋯
维napkin人消失之谜　　气候利用属 消费费时尚
图解气象　　　　　　　　　　更多 »
【图解】气象科技创新⋯　一张图了解我国气象服务
气象护航"小飞"弄月踪点　气象科技创新工程实施方案

气象要闻　工作动态　基层台站　媒体聚焦

郑国光张工商谈APEC会议期间空气质量预报

· 专家共话叶笃正学术思想 郑国光致辞缅怀
· 气象科技创新体系建设指导意见出台 (11.05)
· 访谈：面向气象现代化完善气象科技创新体系 (11.05)
· 气象科技创新体系建设指导意见（全文） (11.05)
· 中国气象局全力做好APEC会议气象保障服务 (11.05)

中国气象局与海尔空调共启家居"天性"时代

· 南方有阴雨天气 冷空气影响内蒙古东北等地 (11.05)
· 10月全国降水量较常年偏少 平均气温偏高 (11.05)
· 中国气象局公布10月我国重大天气气候事件 (11.05)
· "找给台风起名字"结果发布"白鹿"等入选 (11.04)
· 各地气象部门学习全国气象服务工作会议精神 (11.04)

【图说】一张图了解我国气象服务

· 【专题】学习贯彻十八届四中全会精神 (11.04)
· 【专题】第六届全国气象服务工作会议 (11.04)
· IPCC发布第五次评估报告的综合报告 (11.03)
· 【访谈】迎接APEC 全方位气象工作护航 (11.03)
· 防雷减灾论坛在京开幕 聚焦防雷新技术 (11.04)

气象灾害警报与预警信号
正在预警中5个 查看

辽宁省气象台发布大风

热点专题

· 深入开展群众路线教育实践活动
· 全国气象部门第二次新疆工作会议
· 2014年秋收种气象服务

言论时评
· 打好构建中国特色现代气象服务⋯
· 从战略高度深刻做好新疆工作
· 风清则正 气正则心齐

气象微博　气象微信　客户端

▌信息公开

公告通知　政策法规　人事信息

· 国家气候中心2015年应届毕业生招聘启事
· 中国气象局气象与气候变化司关于组织2014年度⋯
· 《气象预报发布与传播管理办法》公开征求意见通知
· 中央气象台省级气象台骨干预报员交流公告
· 关于风云二号F星东西轨道控制的业务公告

最新公开　工作报告　防灾减灾

· 关于印发气象观测专用技术装备出厂验收测试规⋯
· 关于印发国家气象科技创新工程（2014—2020年⋯
· 中国气象局发布15项气象行业标准的通告
· 关于十二届全国人大二次会议代表建议办理情况的函
· 对十二届全国人大二次会议第6434号建议的答复

气象公告
🌡 海洋天气公报
🔥 森林火险气象预报
☁ 未来三天天气预报

 公开指南　 行政许可　 气象标准　 规划计划　 依申请公开　 应急管理　 招聘信息　 党的建设　

▌在线服务

天气预报查询
国内天气：选择省份▾ 选择城市▾
国外天气：选择大洲▾ 选择城市▾

 信息订阅　资料查询
服务热线　手机APP
 卫星云图　天气雷达
雷电监测　空间天气
 环境气象　交通气象
农气产品　海洋气象

服务产品图　天气地图

全国雷实况图　全国降温大风预报　全国降水量预报图

气象视频

11月4日第一时间要闻　11月4日天气直播间　11月4日早间天气体育

便民服务
· 我想了解气象科普基地
· 我想了解气象行政审批项目
· 了解最新气象专用技术⋯
· 了解气象设施和气象探⋯

气象指数
✈ 全球旅游指数落区预报表
👕 穿衣指数落区预报表
🌂 感冒指数落区预报表
🌧 防雷指数落区预报表
🪁 风筝指数落区预报表

中国气象网

在手机上植入气象信息，相当于有了移动气象站。中国气象频道手机电视是中国气象局与中国移动合作，为广大用户提供的手机电视业务。用户可以用手机在线收看中国气象频道的节目，包括全国 300 多个城市的 24 小时和 48 小时天气预报、全国趋势预报、交通气象预报、未来 7 天预报，以及国内外气象新闻、气象与生活等信息。

"中国天气通"是中国气象局官方手机气象服务客户端。手机用户可以通过扫描中国天气通二维码免费下载服务软件，获得国内 2 566 个县级以上城市的气象预警、天气实况、7 天天气预报、生活气象指数等权威、可靠的天气信息。中国天气通还提供位置服务、天气分享等实用的功能，是须臾不离百姓生活左右的好帮手。

2014 年 1 月 5 日，中国气象局官方微博正式上线，微博平台覆盖新浪、腾讯、搜狐、新华、人民、央视六个门户网站，搭建起气象政务微博微矩阵。同时，开通中国气象局官方微信、微视及新闻客户端，实现了"多微一体"的新媒体传播格局。截至 2014 年 11 月 28 日，中国气象局官方微博粉丝数量达 247 万，微信粉丝量 9 647 人，微视粉丝量 1 622 人。目前，微博、微信已成为中国气象局与公众互动的重要渠道，围绕社会热点和气象工作重点，通过新媒体及时发布推送天气预报预警信息、推广普及气象科学知识和防灾减灾避险自救知识，强化舆论引导，形成了强大的宣传科普工作合力。

中国天气通

中国天气通二维码

中国气象局官方微博

中国气象局官方微信二维码

中国气象局官方微视二维码

中国气象局新闻客户端二维码

农用天气预报的获取

　　我国是农业大国，因此，气象部门非常重视气象为农服务，所建立的中国兴农网就是农民朋友的好帮手，内容包括农用天气气象预报、气象灾害预警、农业气象新闻、农业生产指导、兴农热点专题，以及科普知识农业气象灾害与防御、兴农百科等专题介绍。另外，通过中国兴农网还可以链接到农业部和中国气象局合办的中国气象农业频道、各省兴农网等多个农用气象专业网站。因此，农民朋友可以上网随时查阅所关心的问题。

中国兴农网

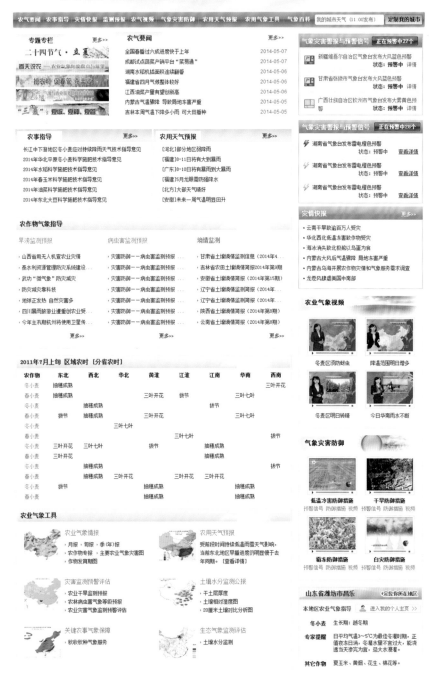

中国气象农业频道

获取气象信息的途径

以下为中国专业气象信息的网络链接地址。

中国天气网：http://www.weather.com.cn/；

中国气象网：http://www.cma.gov.cn/；

中央气象台：http://www.nmc.cn/；

中国气象科普网：http://www.qxkp.net/；

华风气象传媒集团：http://www.tvhf.com/；

中国气象频道：http://www.weathertv.cn/；

中国兴农网：http://www.xn121.com/；

中国气象农业频道：http://www.agri.gov.cn/qxny/；

…………

用户通过上述网址还可以链接到其他专业气象网站。

另外，用户也可以通过中国气象局公共气象服务中心的气象服务热线电话"400-6000-121"了解气象信息，它是中国气象局面向社会提供气象服务的窗口。

近距离接触天气预报

本书通过前面的章节已详细地介绍了什么是天气、天气预报的制作过程、如何通过卫星云图识别天气系统，等等，不知您阅读后能否通过本书提供的知识点看懂天气预报。如果您还想要再进一步了解气象知识的奥秘，那么您可以亲自走进中国气象局或各地的气象部门，了解气象观测、气象卫星，了解参与数值运算的巨型计算机，了解天气预报的制作过程。您可以亲自与首席预报员进行面对面的交流，还可以亲自体验当一回电视天气预报主持人的感觉。每年 3 月 23 日的世界气象日，全国的气象部门都会对外开放，所以世界气象日也是气象部门对外的"开放日"，目的是使公众深入了解气象，了解气象科普知识。这一天也是气象部门给公众提供揭开气象奥秘"神秘面纱"的好机会，如果您积极参与，相信您一定会有所收获。

2014 年 3 月 23 日世界气象日中央气象台首席预报员现场解答

2014 年中央气象台预报专家队伍掠影

中央气象台预报工作平台

走进中央气象台

中央气象台，即国家气象中心，是全国天气预报与服务的国家级业务中心，也是世界气象组织亚洲区域气象中心和核污染扩散紧急响应中心，成立于1950年3月1日。主要任务包括：为党中央、国务院和有关政府部门提供决策气象服务；通过电视、广播、报纸、网站等媒体为社会和公众提供气象信息和预报服务；为全国气象台站提供气象预报技术和产品指导。国家气象中心下设天气预报室、数值预报中心、台风与海洋预报中心、农业气象中心、强天气预报中心、环境气象中心等单位。

天气预报室承担实时天气监测，短期、中期天气预报业务；制作、发布全国区域灾害性天气警报，以及中国和世界范围内的中、短期天气预报；为紧急突发事件提供气象预报服务；承担对气象部门下级台站的天气预报业务技术指导任务。

数值预报中心负责国家级业务数值预报模式的研发、改进和优化，为天气和环境气象业务提供数值预报指导产品；负责国内外数值预报业务模式产品的检验和效果评估；负责环境气象预报模式的开发，为核紧急突发事件等提供数值模拟和预报产品分析。

北京市小学生在中央气象台会商室

台风与海洋预报中心负责西北太平洋和南海热带气旋的监测、预报预警服务；负责责任海区（Ⅺ海区）海洋气象预报、预警服务；负责全球其他海域的热带气旋监测、分析。

农业气象中心主要利用气象地面观测和卫星遥感等监测，开展全国范围内的农业气象信息分析，农业气象灾害监测、预警和影响评估；开展世界主要区域的农作物产量预报以及中国主要农业病虫害气象等级预报；提供关键农时季节、重要农事活动的农业气象专题预报服务。

强天气预报中心开展全国范围内的雷暴、大风、冰雹等强对流天气的监测、短时预报及趋势展望；指导地方气象台站进行强对流天气的预报与分析；负责承担亚洲二区协航空气象指导产品业务。

环境气象中心主要负责开展国家级环境气象监测预报预警业务和技术研发，提供环境气象决策、专业和公众气象服务以及相关科普知识，为各级气象部门提供指导产品和技术支持。

走进中国气象科技展厅

中国气象科技展厅位于北京市中关村南大街 46 号院内（即中国气象局院内），于 2006 年 3 月建成，建设规模约 600 米^2。展厅包括 4 个部分：发展历程、辉煌成就、应用领域和发展前景，以浮雕、展板、模型、触摸屏等形式展示气象事业发展历程和发展成就。2009 年，展厅进行了一次以加强科技互动展项为重点的改造，增加了地基观测系统模型、气象应急车模型、综合气象情景模拟演示系统、互动游戏墙、气象科学环幕展示系统、电子书等展项，极大地提升了展览展示效果。

中国气象科技展厅

中国气象科技展厅内气象观测场模型

体验数字气象科技馆

2012 年中国气象局气象宣传与科普中心筹建了数字气象科技馆一期工程，重点开发了防灾减灾馆。利用多媒体技术，通过科普专题、动漫作品、视频、图片、益智游戏和网上互动等多种方式从不同角度展示了气象灾害及其衍生灾害，使用户能够较为全面地了解气象及其衍生灾害的形成原理和防御措施。

数字气象科技馆以科普 Flash 动画形式，首期开发了气象防灾减灾馆，包含序厅、气象灾害预警信号、人工影响天气、台风、暴雨洪涝、干旱、雷电、高温、冰雹、寒潮、雪灾、大风、沙尘暴、大雾、灰霾、道路结冰、霜冻、地质灾害、农业气象灾害、海洋灾害、空间天气等 21 个子馆，共计 183 个 Flash，较为全面地向公众展示各种气象灾害及防灾减灾知识。同时，数字气象科技馆还开发了 5 个科普游戏供大家互动。大家可以在网上搜索"数字气象科学馆"进行浏览。

数字气象科技馆首页

暴雨洪涝防灾减灾科普知识 Flash 动画

气象知识闯关游戏

走进气象影视中心

中国气象局气象影视中心是中央气象台天气预报产品视频化的出口，是面向社会公众提供气象服务的一个窗口，承担着国家级气象灾害预警预报媒体发布、媒体公众气象服务、气象影视科普宣传等职责。从 1980 年和中央电视台合作播出第一档电视天气预报节目开始，气象影视服务已经走过了 30 余年不平凡的发展历程。截至目前，气象影视中心的预警预报服务节目在中央电视台、中国新华新闻电视网、旅游卫视、中国教育频道、凤凰卫视以及中央人民广播电台、中国国际广播电台等 26 个频道播出，首播节目达 143 余档。每年发布数千次灾害性天气及相关的各类预警预报，成为人们防灾减灾和安排生产生活必不可少的信息来源。特别是每天晚上在中央电视台《新闻联播》之后播出的《天气预报》节目更是家喻户晓。

2006 年 5 月 18 日，由中国气象局开办、气象影视中心承办，各省级气象部门协办的中国气象频道正式开播。这是一个 24 小时全天候的专业气象发布平台，它的开播使我国成为少数几个拥有气象专业频道的国家之一。截至 2012 年 12 月 31 日，中国气象频道在全国 31 个省（自治区、直辖市）的 313 个地级以上城市落地（含地级城市），覆盖数字电视用户数约 7 500 万户。

近十年来，科普专题节目是气象影视中心业务的重要组成部分，中心一直致力于环境类科普片、纪录片、宣传片、动画片的策划制作，已完成包括防灾减灾、应对气候变化、经典气象科普、气象与社会等多个系列、5 000 余部（集）科普片（纪录片、动画片）的创制。所摄制的专题节目在中国广播电视协会、中国电视艺术家协会、中国科教影视协会以及众多国际影视节上获得各类奖项百余个，其中气象专题片《中国天鹅》和气象防灾减灾电视系列片《远离灾害》分别在 2007 年和 2008 年获国家科学技术进步奖二等奖，在电视业界初步树立了以应对气候变化和自然灾害为核心的环境类纪录片品牌；大型科普电影《变暖的地球》获第 28 届电影金鸡奖最佳科教片奖。气象影视中心首次全程参与摄制完成的系列高清纪录片《环球同此凉热》，于 2012 年 11 月 19 日在 CCTV-9 纪录频道和中国气象频道播出。《环球同此凉热》拍摄跨越全球五大洲，在十余个深受气候变化影响的国家和典型地区进行了实地拍摄，采访了近百位国际知名专家、